高等职业教育信息技术通识系列教材

信息技术基础与应用

(Windows 10 + Office 2016)

主　编　郭立文　刘向锋

副主编　李小遐　于粉娟　严博文
　　　　任昊翔　高　杨

北京理工大学出版社
BEIJING INSTITUTE OF TECHNOLOGY PRESS

内 容 简 介

全书共9个项目：项目1介绍计算机基础知识，项目2介绍Windows 10系统使用与管理，项目3介绍常用工具软件应用，项目4介绍计算机网络基础与应用，项目5介绍计算机安全防护，项目6介绍前沿信息技术，包括人工智能、云计算、大数据等，项目7介绍Word 2016文档制作与排版，项目8介绍电子表格制作与数据处理，项目9介绍演示文稿制作与放映。其中，项目7—项目9采用活页式编排。

本书的编写充分融合项目化教学方法，配合微课提升教学效率，更将课程思政融入教材，进而培养当代大学生的社会主义核心价值观。

本书可作为"计算机应用基础""信息技术基础与应用"课程的教材或教学参考书，也可用于个人爱好者自学。

版权专有　侵权必究

图书在版编目（CIP）数据

信息技术基础与应用：Windows 10 + Office 2016／郭立文，刘向锋主编．—北京：北京理工大学出版社，2020.10

ISBN 978 – 7 – 5682 – 9095 – 1

Ⅰ.①信… Ⅱ.①郭… ②刘… Ⅲ.①Windows 操作系统 – 高等学校 – 教材②办公自动化 – 应用软件 – 高等学校 – 教材　Ⅳ.①TP316.7②TP317.1

中国版本图书馆 CIP 数据核字（2020）第 183568 号

出版发行／	北京理工大学出版社有限责任公司
社　　址／	北京市海淀区中关村南大街5号
邮　　编／	100081
电　　话／	（010）68914775（总编室）
	（010）82562903（教材售后服务热线）
	（010）68948351（其他图书服务热线）
网　　址／	http://www.bitpress.com.cn
经　　销／	全国各地新华书店
印　　刷／	河北盛世彩捷印刷有限公司
开　　本／	787毫米×1092毫米　1/16
印　　张／	17.75
字　　数／	408千字
版　　次／	2020年10月第1版　2020年10月第1次印刷
定　　价／	48.00元

责任编辑／	王玲玲
文案编辑／	王玲玲
责任校对／	周瑞红
责任印制／	施胜娟

图书出现印装质量问题，请拨打售后服务热线，本社负责调换

前　言

随着计算机技术的迅猛发展与广泛应用，运用计算机进行信息处理已成为每位大学生的必备技能。为贯彻落实教育部针对计算机应用基础课程的基本要求，推动计算机基础教学改革，提高实践教学质量，增强学生获得、分析、处理、应用信息的能力，本书结合高等职业院校的教学特点，编写充分融合项目化教学方法，配合微课提升教学效率，更将课程思政融入教材，进而培养当代大学生的社会主义核心价值观。

经过多年的教学实践，针对"计算机应用基础""信息技术基础与应用"课程的教学，必须以实践教学为基本教学手段，以操作能力的达成为基本教学目标。本书采用任务式组织结构将相关知识点融于任务中，学生边实践、边总结，增强处理同类问题的能力；本书还针对部分核心内容、重难点等录制了微课，详细的操作视频保证了学生对任务有清晰的理解；教材中安排了丰富的操作练习和拓展任务，以保证学生在应用能力方面达到较高层次。

此外，本书在装帧形式上也做了创新，采用了胶订与活页式相结合的装订方式，其中前6个项目为胶订，后3个项目（Word 2016 文档制作与排版、电子表格制作与数据处理、演示文稿制作与放映）为活页式。活页式进一步体现了教材内容的模块化、任务式的设计，体现了教与学的交互与反馈设计，学生可以将每个任务的内容单独进行拆分，使得教与学都更加灵活。

全书9个项目的内容如下：项目1介绍计算机基础知识，包括计算机的发展历程、特点、构成、应用、技术展望等；项目2介绍 Windows 10 系统使用与管理，包括操作系统、文件、应用程序管理的基本操作；项目3介绍常用工具软件应用，包括 Visio、Flash 等常见计算机工具的使用；项目4介绍计算机网络基础与应用，包括网络基础知识、网络接入方式和设备等；项目5介绍计算机安全防护，包括病毒的类型与查杀手段等；项目6介绍前沿信息技术，包括人工智能、云计算、大数据等前沿知识；项目7介绍 Word 2016 文档制作与排版，包括文本编辑、图文混排技巧等；项目8介绍电子表格制作与数据处理，包括表格编排、数据处理技巧等；项目9介绍演示文稿制作与放映，包括演示文稿的制作与编辑、设置与放映等。

本书可作为"计算机应用基础""信息技术基础与应用"课程的教材或教学参考书。本书的编写分工如下：李小遐编写项目1，严博文编写项目2，高杨编写项目3，刘向锋编写项目4~项目6，郭立文编写项目7，于粉娟编写项目8，任昊翔编写项目9。全书由郭立文统稿。在本书的编写过程中，得到了北京理工大学出版社的大力支持，再次表示衷心感谢。

由于计算机技术发展日新月异，加之编者水平有限，书中疏漏之处在所难免，敬请专家、教师和广大读者批评指正。

编　者

目 录

项目1 计算机基础知识 ……………………………………………………… 1
 任务1.1 认识计算机 …………………………………………………… 1
  活动1 计算机的发展历程 ……………………………………………… 2
  活动2 计算机的分类与特点 …………………………………………… 5
  活动3 计算机的未来趋势 ……………………………………………… 7
 任务1.2 了解计算机的构成 …………………………………………… 8
  活动1 计算机系统的组成 ……………………………………………… 8
  活动2 计算机中的信息表示 ………………………………………… 10
项目2 Windows 10 系统使用与管理 …………………………………… 11
 任务2.1 Windows 10 桌面环境设置 ………………………………… 11
  活动1 Windows 10 启动与退出 …………………………………… 12
  活动2 Windows 10 桌面管理 ……………………………………… 13
  活动3 Windows 10 个性化设置 …………………………………… 16
 任务2.2 Windows 10 系统设置 ……………………………………… 17
  活动1 控制面板的使用 ……………………………………………… 17
  活动2 用户账户设置 ………………………………………………… 18
项目3 常用工具软件应用 ………………………………………………… 20
 任务3.1 绘制业务流程图 ……………………………………………… 20
  活动1 Visio 绘图环境 ………………………………………………… 21
  活动2 Visio 基本操作 ………………………………………………… 22
 任务3.2 制作 Flash 动画 ……………………………………………… 24
  活动1 Flash CS6 的工作界面 ……………………………………… 24
  活动2 Flash CS6 的动画方式 ……………………………………… 25
项目4 计算机网络基础与应用 …………………………………………… 29
 任务4.1 认识计算机网络 ……………………………………………… 29
 任务4.2 计算机网络互连设备 ………………………………………… 31
  活动1 网络互连特点及类型 ………………………………………… 32
  活动2 路由器 ………………………………………………………… 32
  活动3 交换机 ………………………………………………………… 34
 任务4.3 因特网接入方式与常用协议 ………………………………… 34

活动 1	因特网接入方式	35
活动 2	TCP/IP 协议	36
活动 3	C/S 结构和 B/S 结构	38
任务 4.4	收发电子邮件	39
活动 1	电子邮件系统工作原理	40
活动 2	利用 QQ 邮箱收发电子邮件	41

项目 5　计算机安全防护 43

　　任务 5.1　使用 360 杀毒软件查杀病毒 43
　　　　活动 1　什么是网络安全 44
　　　　活动 2　计算机病毒的特征 44
　　　　活动 3　计算机病毒的防范措施 45
　　　　活动 4　反病毒软件的功能 46
　　任务 5.2　防火墙的安装与使用 50
　　　　活动 1　黑客与信息安全 51
　　　　活动 2　防火墙及其作用 53
　　　　活动 3　信息安全 57

项目 6　前沿信息技术 62

　　任务 6.1　人工智能 62
　　任务 6.2　区块链 65
　　任务 6.3　云计算 67
　　任务 6.4　大数据 70
　　任务 6.5　物联网 73
　　任务 6.6　5G 技术 75
　　任务 6.7　新基建 78
　　任务 6.8　智慧家庭 79

活页部分

（页次见活页目录）

项目 7　Word 2016 文档制作与排版
项目 8　电子表格制作与数据处理
项目 9　演示文稿制作与放映

项目 1

计算机基础知识

项目引导

计算机自诞生以来发展极其迅速，至今已被广泛应用到各个领域，可以说，当今世界是一个丰富多彩的计算机世界。本项目通过初识计算机、了解计算机的构成、认识生活中的计算机等工作任务，帮助读者更好地认识计算机和使用计算机。

知识目标

- 了解计算机的发展历程、现状和发展趋势
- 了解计算机的特点、分类
- 掌握计算机系统的构成
- 了解计算机信息的表示
- 掌握微机硬件组成及相关技术指标

技能目标

- 会使用键盘和中文输入法
- 能进行简单的计算机操作
- 会选购个人电脑

任务 1.1 认识计算机

任务描述

了解计算机的发展历程、现状和发展趋势，以及计算机的特点、分类和应用领域。

任务分析

计算机（Computer）是一种能自动、高速地进行数据信息处理的机器，是 20 世纪人类伟大且卓越的科学技术发明之一。掌握计算机知识已经成为当今人才必备技能。

知识指导

活动1 计算机的发展历程

1. 世界上第一台计算机

1946年2月,标志现代电子计算机诞生的第一台通用电子数字计算机 ENIAC(埃尼阿克)在美国宾夕法尼亚大学公之于世,如图1-1所示。

图1-1 通用电子数字计算机

1949年5月,英国剑桥大学数学实验室根据冯·诺伊曼的思想,制成电子延迟存储自动计算机 EDSAC(Electronic Delay Storage Automatic Calculator),如图1-2所示,这是世界上第一台带有存储程序结构的电子计算机。

电子计算机的最重要的奠基人是英国科学家艾兰·图灵和美籍匈牙利科学家冯·诺依曼(如图1-3所示)。图灵的贡献是建立了图灵机的理论模型,奠定了人工智能的基础,而冯·诺依曼则首先提出了计算机体系结构的设想。

图1-2 电子延迟存储自动计算机　　　　图1-3 冯·诺依曼

2. 计算机的发展历程

第一台电子计算机诞生后，计算机技术以前所未有的速度迅猛发展。根据组成计算机的电子逻辑器件不同以及未来的发展趋势，我们可以将计算机的发展分成4个阶段。

1）第一代电子计算机（1946—1957年）

第一代电子计算机的特征是采用电子管作为计算机的逻辑元件。电子计算机结构上以中央处理器CPU为中心，主存储器采用延迟线或磁鼓，外存储器使用磁带。电子管与第一代电子计算机如图1-4所示。

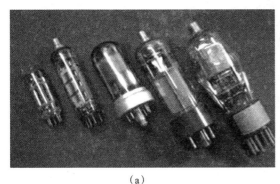
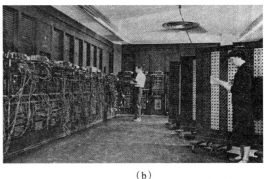

(a)　　　　　　　　　　　　　　　(b)

图1-4　电子管与第一代电子计算机

(a) 电子管；(b) 第一代电子计算机

2）第二代电子计算机（1958—1964年）

第二代计算机采用晶体管作为计算机的逻辑元件，内存储器使用磁芯，外存储器采用磁盘和磁带，运算速度加快，内存容量大大提高。晶体管与第二代电子计算机如图1-5所示。

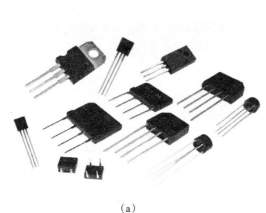

(a)　　　　　　　　　　　　　　　(b)

图1-5　晶体管与第二代电子计算机

(a) 晶体管；(b) 第二代电子计算机

3）第三代电子计算机（1965—1971年）

第三代电子计算机的特征是采用集成电路（Integrated Circuit，IC）取代了分立元件，集成电路是把多个电子元器件集中在几平方毫米的单晶硅片上形成逻辑电路，集成电路与第三代电子计算机如图1-6所示。

图1-6 集成电路与第三代电子计算机
(a) 集成电路；(b) 第三代电子计算机

4) 第四代电子计算机（1972年至今）

第四代电子计算机的特征是逻辑元件采用大规模和超大规模集成电路。大规模集成电路与第四代电子计算机如图1-7所示。

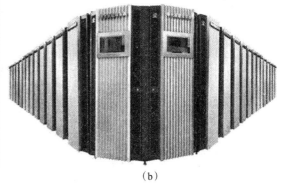

图1-7 大规模集成电路与第四代电子计算机
(a) 大规模集成电路；(b) 第四代电子计算机

3. 新一代电子计算机

从采用的电子元件来说，目前计算机的发展仍处于第四代的水平，仍然属于冯·诺依曼计算机。1988年，第五代计算机国际会议在日本召开，会上提出了智能电子计算机的概念，智能电子计算机是一种有知识、会学习、能推理的计算机，具有能理解自然语言、文字、声音和图像的能力，并具有说话的能力，人和机器可以用自然语言交流沟通。

目前，智能电子计算机在实际研制过程中已经取得了一些重要进展，但距离真正研制成功仍有一定距离，相信随着计算机科学和相关技术的发展，在不远的将来，研制出成熟的新一代计算机的目标一定能够实现。

活动2 计算机的分类与特点

1. 计算机的分类

计算机的种类很多,分类方法也很多,下面列举常用的两种分类方法。

1)按计算机的规模分类

按照计算机的规模,并参考其运算速度、输入/输出能力、存储能力等因素,通常可以分为巨型机、大型机、小型机、微型机。

(1)巨型机(超级计算机)。

超级计算机是每个时代计算机高精尖技术的集中代表,其运算速度快、存储量大、结构复杂、价格昂贵,主要应用于国家尖端科学研究领域。如图1-8所示为"天河一号"超级计算机。

图1-8 "天河一号"超级计算机

如今,我国已经成为全球拥有超级计算机数量最多的国家。如图1-9所示为"天河二号"超级计算机,也是当今世界最强大的超级计算机。

图1-9 "天河二号"超级计算机

(2)大型机。

大型机规模次于巨型机,有比较完善的指令系统和丰富的外部设备,有较大的存储空间，主要用于计算机网络服务器或大型的计算中心，如图1-10所示。

（3）小型机。

小型机又称迷你计算机（Mini Computer），是相较大型计算机而言的，其较之大型机成本低、规模小、结构简单、设计周期短，便于及时应用先进工艺。这类计算机可靠性高，对运行环境要求低，易于操作且便于维护，如图1-11所示。

图1-10 大型计算机

图1-11 小型计算机

（4）微型机。

微型机又称个人计算机（Personal Computer，PC），它是日常生活中使用最多、最普遍的计算机。当前微型机的种类繁多，常见的有台式机、笔记本电脑、一体电脑、平板电脑等。如图1-12所示为台式机和笔记本电脑。

(a) （b）

图1-12 微型电子计算机
(a) 台式机；(b) 笔记本电脑

2）按计算机的工作模式分类

按照工作模式，计算机一般可分为服务器和工作站。

（1）服务器。

服务器（Server）为网络用户共享，因此很多服务器配置了双CPU。如图1-13所示为机架式服务器。

（2）工作站。

工作站（Work Station）是一种高端的微型计算机，通常配有高分辨率的大屏、多屏显示器及容量很大的内存储器和外部存储器，并且具有极强的信息处理和高性能的图形、图像处理能力。如图 1-14 所示为图形工作站。

图 1-13　机架式服务器　　　　　图 1-14　图形工作站

2. 计算机的特点

计算机有诸多特点，如图 1-15 所示。

1）运算速度快

运算速度是计算机性能的重要指标之一，衡量方式是用一秒钟时间计算机所能执行加法运算的次数，因此，计算机最显著的特点就是能以非常高的速度进行运算。

2）计算精度高

计算机的计算精度主要取决于字长，字长是指计算机的运算部件能同时处理的二进制数据的位数，字长越长，计算机处理信息的效率就越高，其内部所存储的数值精度就越高。

3）存储容量大

计算机具有完善的存储系统，可以存储大量的信息。计算机的主要存储设备为内存储器和外存储器，目前，个人计算机内存储器的主流配置为 8GB、16GB，外存储器容量可达数 TB。

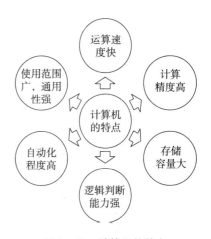

图 1-15　计算机的特点

4）逻辑判断能力强

计算机不仅能进行算术运算，同时也能进行各种逻辑运算，具有逻辑判断能力，这是计算机能实现信息处理自动化的重要原因。计算机可以广泛应用到非数值数据处理领域，如人工智能、信息检索、图形识别等。

5）自动化程度高

计算机是自动化电子装置，这一特点表现在它能解决大部分自然科学和社会生活中的问题，能广泛应用到各个领域。

6）使用范围广，通用性强

随着计算机的普及与发展，它的应用几乎涉及所有领域。一台计算机能适应各种各样的应用，具有很强的通用性。

活动 3　计算机的未来趋势

人类在进步，科学在发展，历史上的新生事物都要经历一个从无到有的艰难历程。未来计算机的发展潮流是超大型计算机和超小型计算机并存，这种模式已成为业界认同的发展方向,以此为依托,计算机技术的重点发展方向将是超高速和智能化。

1. 向"高""广""深"方向发展

(1) 向"高"度方向发展,性能越来越高,速度越来越快,存储容量越来越大。
(2) 向"广"度方向发展,即向并行处理发展。
(3) 向"深"度方向发展,即向信息的智能化发展。

2. 向"四化"方向发展

(1) 巨型化:是指发展运算速度更快、存储容量更大、功能更强的巨型计算机。
(2) 微型化:计算机迅速向微型化方向发展。
(3) 网络化:计算机网络已广泛应用于政府、企业、科研、学校、家庭等领域,计算机网络的发展水平已成为衡量国家现代化程度的重要指标。
(4) 智能化:是指计算机模拟人的感觉、行为、思维过程,使计算机具有视觉、听觉、语言表达、推理、学习等能力,成为智能型计算机。

任务1.2　了解计算机的构成

任务描述

了解和掌握计算机的基本知识已经成为当代人必备的知识储备。本任务是了解计算机系统的构成,学习计算机的硬件构成以及各部件的功能等基本知识。

任务分析

计算机的功能非常强大,能完成这些强大功能的计算机到底是如何构成的?又是如何工作的呢?通过本任务的学习,读者能对计算机的结构有进一步的认识,有助于更有效地用好这个非常实用的工具。

知识指导

活动1　计算机系统的组成

计算机系统由硬件系统和软件系统两个部分构成。一个完整的计算机系统的组成如图1-16所示。

1. 计算机硬件系统

计算机硬件系统由冯·诺依曼提出,包括运算器、控制器、存储器、输入设备和输出设备五大部分。

1) 运算器

运算器是计算机数据形成信息的加工厂,它的主要功能是对二进制数进行算术或逻辑运算,参加运算的数据来自内存储器。

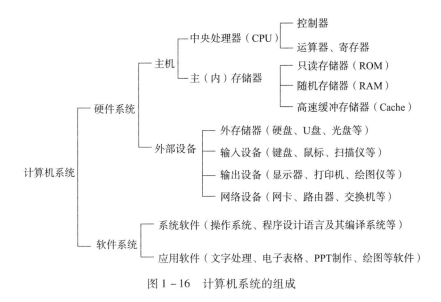

图1-16 计算机系统的组成

2）控制器

控制器是计算机的神经中枢,由它指挥计算机的各个部件自动、协调地工作。控制器和运算器一起组成了计算机的核心,称为中央处理器CPU。

3）存储器

存储器是计算机中有记忆功能的部件,其功能是用来存储计算机中的程序和数据。按用途来分,存储器可分为主存储器(也称为内存储器)和外存储器。内存储器指主板上的存储部件,用来存放当前正在执行的数据和程序,但仅用于暂时存放程序和数据,关闭电源或断电后,数据就会丢失。外存储器通常是磁性介质或光盘等,能长期保存信息。

4）输入设备

输入设备是计算机输入数据和信息的设备,是用户和计算机系统之间进行信息交换的主要装置,负责将输入的信息转换成计算机能识别的二进制代码,送入存储器保存。常用的输入设备有键盘、鼠标、扫描仪等。

5）输出设备

输出设备用于数据的输出。它把各种计算结果数据或信息以数字、字符、图像、声音等形式表示出来。常见的输出设备有显示器、打印机、绘图仪等。

2. 计算机软件系统

计算机软件按照用途可分为系统软件和应用软件两大类。

1）系统软件

系统软件是指面向计算机管理的、支持应用软件开发和运行的软件,是利用计算机各种资源和方便用户使用计算机的程序。系统软件处于硬件和应用软件之间,通常由计算机生产厂家或专门的计算机软件公司开发。

2）应用软件

应用软件是用户利用计算机及其提供的系统软件为解决各种实际问题而编制的计算机程序,是指除了系统软件以外的所有软件,由各种应用软件包和面向问题的各种应用程序组成。

活动2　计算机中的信息表示

计算机要处理的数据信息是多种多样的，如文字、符号、图形、图像和语言等，但是计算机无法直接"理解"这些信息，所以需要通过数字化编码的形式对信息进行存储、加工和传送。

1. 数据编码的概念

数据编码是指把需要加工的数据信息用特定的数字组合来表示的一种技术。信息的数字化表示就是采用一定的基本符号，使用一定的组合规则来表示信息。

计算机采用二进制编码，其基本符号是"0"和"1"。处理信息时，将信息转换成对应的二进制编码来表示。

2. 信息表示的单位

为了表示信息，人们规定了一些常用单位。

（1）位（bit），音译为"比特"，是二进制数据中的一个数位，可以是0或者1。位是计算机表示数据的最小单位，一个二进制位只能表示0或1这两种状态之一，要表示更多的信息，就得把多个位组合成一个整体，每增加一位，所能表示的信息量就增加一倍。

（2）字节（Byte），是计算机表示数据的基本单位，简记为"B"，规定一个字节为8位（bit），即1 Byte = 8 bit。

相应的信息单位还有KB（千字节）、MB（兆字节）、GB（吉字节）、TB（太字节），它们之间的换算关系为：1 KB = 1 024 Byte，1 MB = 1 024 KB，1 GB = 1 024 MB，1 TB = 1 024 GB。

3. 字符编码

字符是各种文字和符号的总称，用来表示字符的二进制编码称为字符编码。微机中常用的字符编码是ASCII码（American Standard Code for Information Interchange），即美国标准信息交换码的英文简称，是计算机中用二进制表示字母、数字、符号的一种编码标准。目前最常用的ASCII码为扩展ASCII码，使用8位二进制数表示一个字符，比如，字符A的ASCII编码为"10000001"。

4. 汉字编码

在利用计算机处理汉字时，必须对汉字进行编码，汉字编码是用于表示汉字字符的二进制字符编码。根据用途的不同，汉字编码可分为机外码、机内码、字形码和国标码等，其中国标码是用两个字节的16位数字表示一个汉字。

项目 2

Windows 10 系统使用与管理

项目引导

计算机已经成为办公必不可少的工具，而操作系统是所有计算机都必须配置的系统软件，它为用户提供图形操作界面，是实现人和计算机软件交互的桥梁。本项目通过完成 Windows 10 的基本操作、桌面的个性化设置、文件的组织与管理、系统管理及常见应用等工作任务，使学生可以全面了解 Windows 10 的基本功能并掌握其操作方法。

知识目标

- 了解 Windows 10 的基础知识
- 掌握 Windows 10 个性化设置方法
- 掌握 Windows 10 的系统设置
- 掌握用户管理的方法
- 掌握常见应用的使用方法

技能目标

- 能进行 Windows 10 个性化设置
- 熟练掌握 Windows 10 基本操作
- 能进行用户管理
- 能使用常见应用

任务2.1　Windows 10 桌面环境设置

任务描述

操作系统是计算机用户与计算机硬件之间的接口，用户只有通过操作系统才能使用计算机，因此，掌握操作系统的基本操作是学会使用计算机的前提。本任务对 Windows 10 的桌面进行合理的设置，不仅可以增强系统的美观性，还可以提高工作效率。

任务分析

Windows 10 作为目前应用最广泛的计算机操作系统，具有界面美观、操作稳定、安全等优点。本任务从 Windows 10 的启动与退出开始，带领读者全面了解 Windows 10 的桌面、窗口、对话框和菜单等常用的操作界面，学习 Windows 10 的基本设置和管理操作。

知识指导

活动1　Windows 10 启动与退出

1. 开机启动 Windows 10

计算机的启动过程，就是将启动盘中的操作系统装入内存，然后正常运行的过程。成功安装 Windows 10 后，当用户打开主机上的电源按钮后，计算机会启动并自检、初始化硬件设备。如果系统运行正常，则进入 Windows 10 的系统加载界面，待加载完成后，即可进入欢迎界面，如图 2－1 所示。

图 2－1　Windows 10 欢迎界面

2. 关机退出 Windows 10

如果要关闭计算机，不能直接切断电源，否则可能造成致命的错误，如硬盘损坏或启动文件缺损等。正确退出 Windows 10 的步骤为：先关闭所有应用程序，然后单击"开始"菜单→"电源"选项→"关机"选项即可，如图 2－2 所示。

图 2－2　关机退出 Windows 10

3. 重新启动 Windows 10

重新启动的主要作用是保存对系统的设置和修改以及立即启动相关服务。重新启动的步骤为：单击"开始"菜单→"电源"选项，弹出如图 2－2 所示的菜单，单击"重启"选项，即可重新启动系统。

4. 进入睡眠

睡眠状态主要用于离开计算机时为节省电量并减少硬件消耗时使用。进入睡眠模式后，整个系统处于低能耗状态，此时按下主机电源开关，即可退出睡眠状态，重新使用计算机。

在如图 2-2 所示菜单中单击"睡眠"选项,即可使计算机进入睡眠状态。

活动 2　Windows 10 桌面管理

1. 桌面的组成

用户进入 Windows 10 操作系统之后首先看到的是桌面,主要包括桌面背景、桌面图标和任务栏三部分。桌面是用户和计算机进行交流的窗口,如图 2-3 所示。

图 2-3　Windows 10 桌面

1) 桌面背景

桌面背景是指 Windows 10 桌面的背景图案,又称为桌面墙纸。系统自带了很多漂亮的背景图片。除此之外,用户还可以把自己收藏的精美图片设置为背景图片。

2) 桌面图标

Windows 10 操作系统中,所有的文件、文件夹和应用程序等都由相应的图标表示。桌面图标一般由文字和图片组成,文字说明图标的名称和功能,图片是它的标识符。桌面图标分为系统图标和快捷方式图标两种类型,双击这些图标可以快速地打开相应的窗口或程序。

2. 桌面图标管理

Windows 10 刚刚安装完成之后,桌面上只有"回收站"和"此电脑"两个系统图标,其他桌面图标需要用户自行设置,具体操作步骤如下。

1) 在桌面添加 Windows 10 自带的系统图标

(1) 在桌面空白区域单击鼠标右键,在弹出的快捷菜单中选择"个性化"选项,打开"个性化"窗口,如图 2-4 所示。

(2) 在弹出的窗口中,单击"主题"中的"桌面图标设置"选项。在"桌面图标设置"窗口中,选中要显示的"桌面图标"复选框,单击"确定"按钮即可,如图 2-5 所示。

提示:在"桌面图标设置"对话框中,单击"更改图标"按钮,还可对图标显示图片进行更改。

图2-4 "个性化"窗口

图2-5 "桌面图标设置"对话框

2)在桌面上放置应用程序快捷方式图标

（1）双击桌面上的"计算机"图标,打开资源管理器窗口。

（2）双击目标驱动器或文件夹,找到要创建快捷方式的对象。

（3）右键单击该对象,弹出右键菜单,单击"发送到"→"桌面快捷方式"命令,可创建应用程序快捷方式,如图2-6所示。

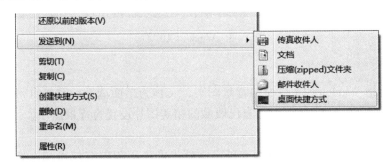

图2-6 发送桌面快捷方式

3. 使用"开始"菜单

单击"开始"按钮 ,即可弹出"开始"菜单,如图2-7所示,"开始"菜单存放着Windows 10的绝大多数命令和安装到系统里面的所有程序,是操作系统的中央控制区,大多数操作都是从"开始"菜单开始的。这里把"开始"菜单分为3个区域:固定程序列表、应用程序列表和动态磁贴面板。

1）固定程序列表

固定程序列表位于"开始"菜单右侧区域,是Windows的系统控制区。这里保留了最常用的几个选项,从上到下依次是用户名、文档、图片、设置、电源。

2）应用程序列表

应用程序列表可以显示最近添加列表、最常用程序列表或所有应用选项。针对所有应用选项,可显示系统中安装的所有程序,并以数字或首字母升序排列,单击排列的首字母,可以显示排序索引,通过索引可以快速查找应用程序。

项目 2　Windows 10 系统使用与管理

图 2-7　"开始"菜单

用户可以在应用程序上单击鼠标右键，在弹出的菜单中选择对该应用的操作，如固定到"开始"屏幕中等。

3) 动态磁贴面板

动态磁贴是"开始"屏幕界面中的图形方块，也叫"磁贴"，通过它可以快速打开应用程序。磁贴中的信息是根据时间或发展活动的，开启了动态磁贴，会显示当前的日期和星期，如果关闭动态磁贴，则只显示日历的图标。

4. 设置任务栏

Windows 10 系统中的任务栏可以使用户轻松地管理和访问需要的应用程序，用户可以将常用的应用程序图标锁定到任务栏上，单击该图标即可快速启动应用程序。

将应用程序图标锁定到任务栏的方法有 3 种，下面以 Foxmail 邮箱为例进行介绍。

方法一：右键锁定到任务栏。启动 Foxmail，将鼠标指针移到任务栏的 程序按钮处，单击鼠标右键，在弹出的快捷菜单中选择"固定到任务栏"命令，如图 2-8 所示。将程序锁定之后，即使关闭该应用程序，其图标还是会锁定在任务栏上，如图 2-9 所示。

图 2-8　右键固定到任务栏

图 2-9　任务栏固定的图标

方法二：拖动程序锁定到任务栏。找到 Foxmail 软件在本机的安装位置，将可执行程序文件"Foxmail.exe"拖曳到任务栏上，松开鼠标即可将其锁定，如图 2-10 所示。

方法三：从开始菜单锁定到任务栏。打开"开始"菜单，右键单击 Foxmail，在弹出的快捷菜单中选择"锁定到任务栏"命令即可，如图 2-11 所示。

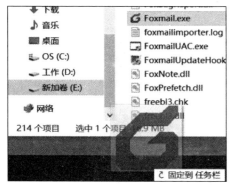
图 2-10 拖动程序固定到任务栏

图 2-11 从"开始"菜单固定到任务栏

活动 3　Windows 10 个性化设置

Windows 10 操作系统的个性化设置主要包括更改桌面背景、主题颜色、锁屏界面和电脑主题等。

1. 桌面背景

在"个性化"窗口选择"背景"选项，如图 2-12 所示。单击右侧"背景"文本框的下三角按钮，即可在弹出的下拉列表中对背景的样式进行设置，包括图片、纯色和幻灯片放映。

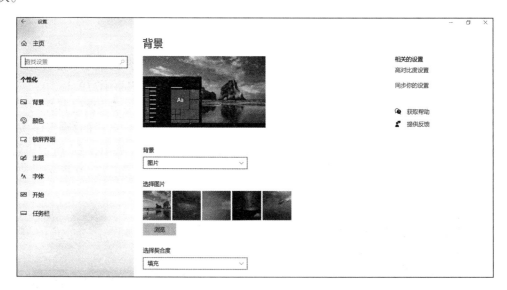
图 2-12 桌面背景

2. 主题颜色

Windows 10 默认的背景主题色为黑色，如果用户不喜欢，可以根据自己的喜好设置。在"个性化"窗口中选择"颜色"选项，即可在右侧看到"选择颜色"选项与"选择主题色"选项。

3. 锁屏界面

"个性化"窗口中的"锁屏界面"选项主要用于保护电脑的隐私和安全，同时可以在不关机的情况下省电，其锁屏所用的图片被称为锁屏界面。锁屏界面包括图片、Windows 聚焦和幻灯片 3 种类型。按 Windows+L 组合键，就可以进入系统锁屏状态。

4. 电脑主题

主题是桌面背景图片、窗口颜色和声音的组合，用户可以对主题进行设置，具体操作如下：进入"个性化"窗口中的"主题"选项，单击其中某个主题，可同时更改桌面背景、颜色、声音和屏幕保护程序，也可单独对桌面背景、颜色、声音和鼠标光标进行修改。

5. 设置分辨率

屏幕分辨率是指屏幕上显示的文本和图像的清晰度。分辨率越高，文本和图像显示越清晰，同时屏幕上的项目越小，则屏幕可以容纳越多的项目；分辨率越低，在屏幕上显示的项目越少，但尺寸越大。

任务实施

按照自己的习惯，进行计算机的外观和主题等个性化设置，为自己创建一个舒心的计算机操作环境。

任务 2.2　Windows 10 系统设置

任务描述

Windows 10 中具有许多功能强大的系统管理工具，使用这些工具，用户可以更好地管理和维护自己的计算机系统，及时有效地解决系统运行中出现的问题。本任务是了解几款常用的系统管理工具，并使用这些工具优化系统设置。

任务分析

Windows 10 的系统设置都包含在控制面板之中，本任务从了解 Windows 系统设置开始，学习用户权限管理、磁盘管理、程序管理及任务管理器等系统设置工具的使用，使读者具备系统维护和优化的基本能力。

知识指导

活动 1　控制面板的使用

控制面板是 Windows 自带的查看和调整系统设置的工具，用户通过控制面板可以方便地更改各项系统设置，例如，更改 Windows 的外观，设置桌面和窗口的颜色，进行软件和硬件的安装和配置，还可以进行系统安全性的设置等。

1. 打开控制面板

打开控制面板的方法有以下两种。
(1) 单击任务栏"开始"按钮,选择"控制面板"选项,即可打开控制面板窗口。
(2) 打开"此电脑"窗口,在工具栏中单击"打开控制面板",即可打开相应窗口。

2. 使用控制面板

Windows 10 控制面板的浏览方式主要有两种:类别查看和图标查看,可单击窗口右上角"查看方式"旁的按钮进行切换。

(1) 类别查看。如图 2-13 所示,在类别查看方式中,控制面板的设置项被分为 8 个大类,每个类别下面都列有可供快速访问的任务链接,单击任意类别可以查看更多该类别的任务,单击类别下面的任务链接,即可打开相应的任务窗口进行操作。

图 2-13 控制面板的类别查看

(2) 图标查看。如图 2-14 所示,在图标查看方式中,把每一设置项作为图标显示,单击后可打开相应的窗口进行设置。

图 2-14 控制面板的图标查看

活动2 用户账户设置

当多个用户使用同一台电脑时,为了保护各自在电脑中的私有数据,可以在系统中设置多个账户,让每个用户在自己的账户界面下工作。

1. 创建用户账户

创建用户账户的操作步骤如下。

（1）打开控制面板，在窗口右上角选择"类别"查看方式，单击"用户账户"→"更改账户类型"选项，打开"管理账户"窗口，如图2-15所示。

图2-15 "管理账户"窗口

（2）在窗口中单击"在电脑设置中添加新用户"链接，打开"家庭和其他用户"窗口，如图2-16所示。在窗口中单击右侧的"添加家庭成员"或"将其他人添加到这台电脑"选项，即可完成用户账户的创建与添加。

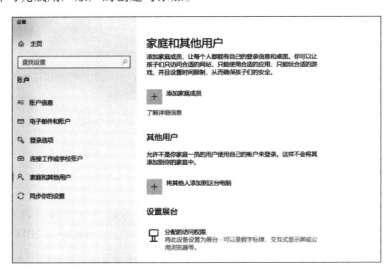

图2-16 "家庭和其他用户"窗口

2. 更改用户账户

在"控制面板"窗口中，单击"用户账户"选项，在打开的窗口中单击"用户账户"选项后，打开"用户账户"设置窗口，在此窗口中可进行用户账户的更改，包括为账户创建密码、更改图片、更改账户名称、更改账户类型、管理其他账户、更改用户账户控制设置等。

项目 3

常用工具软件应用

项目引导

随着计算机技术的发展，计算机已经成为人们生活和工作中必不可少的工具，各种计算机工具软件随之涌现和更新。工具软件是在操作系统下运行的应用程序，其针对性强，实用性好且使用方便，能帮助人们更方便、更快捷地操作计算机。本项目通过绘制业务流程图、设计简单动画等任务的完成，为读者介绍常用工具软件的使用方法。

知识目标

- 掌握图形绘制软件的使用方法
- 掌握简单动画的设计

技能目标

- 能绘制流程图
- 能完成简单动画设计

任务 3.1 绘制业务流程图

任务描述

绘制流程图的方法有很多种，虽然通过 Word、PPT 等软件都可以绘制流程图，但是使用专业的绘图软件会更加方便快捷。本任务是利用专业绘图软件 Visio 2016 绘制如图 3 - 1 所示的业务流程图。

任务分析

Visio 作为 Office 家族成员，是当今优秀的绘图软件之一，使用 Visio 可以绘制业务流程图、组织结构图、项目管理图、室内布局图等各种图形。

项目3 常用工具软件应用

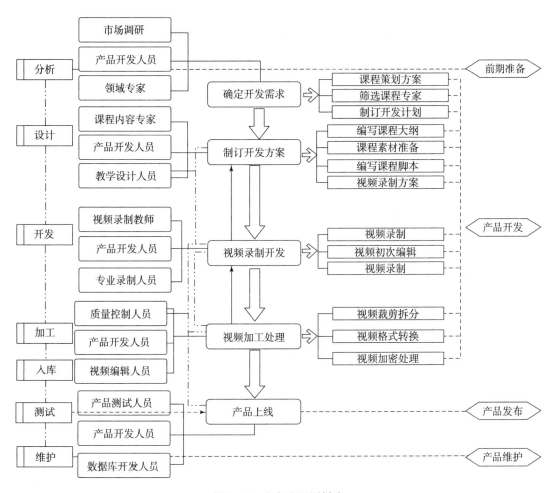

图 3-1 业务流程图样张

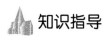

活动1 Visio 绘图环境

1. Visio 主界面

启动 Visio 2016 后，打开 Visio 2016 主界面，其窗口组成如图 3-2 所示，其中快速访问工具栏、选项卡、功能区以及视图切换与其他应用软件基本相同，Visio 特有的组成部分是形状窗口和绘图区。

（1）形状窗口：存放常用的图形形状（也称为图件）。绘图时，将图件拖至绘图区，即可快速生成相应的图形。

（2）绘图区：图形编辑区，是绘图的主要场所。

2. 形状、模具和模板

（1）形状：指可以反复创建绘图的图形，比如，正方形、矩形、椭圆形等。

— 21 —

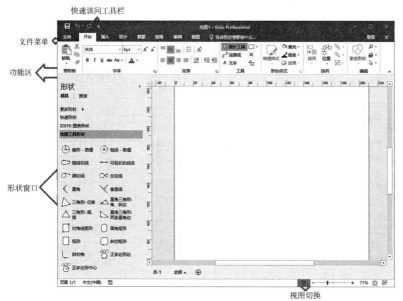

图 3-2　Visio 2016 主界面

（2）模具：指与模板相关联的形状（图件）的集合。

（3）模板：是针对某种特定的绘图任务或样板而组织起来的一系列主控图形的集合，利用模板可以方便地生成用户需要的图形。

活动 2　Visio 基本操作

1. 打开模板

在 Visio 2016 窗口中，单击"文件"→"新建"选项，选择一个模板后，单击"创建"按钮。比如，在"模板类别"下的"流程图"中选择"基本流程图"模板，如图 3-3 所示，选择一种模板后，模板会将相关形状都集合在形状窗口中。

2. Visio 图形操作

1）绘制图形

Visio 绘制图形有两种方式。一是使用绘图工具栏，可以绘制正方形、长方形、圆等常用形状；二是使用模具，可以绘制各种各样的形状。绘图图形的方法是：用鼠标选择需要的形状，然后拖至绘图

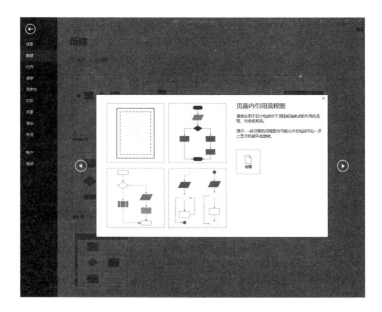

图 3-3　选择基本流程图模板

区即可。

2)移动图形

用鼠标拖曳图形,移至合适的位置时释放鼠标。

3)删除图形

选中要删除的图形,按 Delete 键即可删除该图形。

4)调整图形的大小

通过拖动形状的角、边或底部的手柄来调整形状的大小。

5)修改图形的格式

图形的格式包括图形的填充颜色、填充图案、线条颜色和图案等,单击窗口功能区中相应的按钮,即可完成图形格式的设置。

3. Visio 连线操作

1)绘制连接线

绘制常用的连接线时,比如直线或曲线,可以通过连线工具,也可以使用模具连接线形状。具体操作方法如下。

(1)单击"连接线"工具按钮。

(2)将"连接线"工具 放置在第一个形状底部的连接点上方,"连接线"工具会使用一个红色框来突出显示连接点,表示可以在该点进行连接。

(3)从第一个形状上的连接点处开始,将"连接线"工具拖到第二个形状顶部的连接点上。

> 提示:如果要形状保持连接,两个端点都必须是红色,这是一个重要的视觉提示,如果连接线的某个端点仍为绿色,要使用"指针"工具将该端点连接到形状。

2)修改连接线格式

在连接线上单击右键,在弹出的菜单中选择"格式"→"线条"命令,打开"线条"对话框,在其中进行线条的图案、粗细、颜色、角度及箭头大小等的设置。

4. 添加文字

1)向图形添加文本

单击图形,即可输入文本。输入完毕后,单击空白处或者按 Esc 键退出文本模式。

2)删除图形中的文本

双击图形,在文本突出显示后,按 Delete 键。

3)添加独立的文本

在绘图区添加与形状无关的文本,比如标题,操作方法为:单击"文本"按钮,在绘图区空白处按住鼠标左键拖动绘制一个文本框,然后在文本框中输入文字。

4)设置文本格式

选中要设置的文本,单击鼠标右键,在弹出的菜单中选择"字体"命令,在打开的对话框中设置文本格式。

任务实施

绘制业务流程图时,按照以下操作思路完成。

步骤1：选择并打开一个模板。启动 Visio 2016，进入 Visio 2016 绘图环境，单击"文件"→"新建"选项，在"模板类别"下的"流程图"中选择"基本流程图"模板，单击"创建"按钮。

步骤2：拖动并连接形状。按照流程图样张所示，将形状从模具拖至绘图区，并将它们相互连接起来。注：业务流程图所需形状种类不多，绘制形状并不困难，但是连接线比较复杂，读者在绘制连接线时需要细心揣摩。对相同的形状可通过复制操作来快速完成。

步骤3：在形状中添加文字。单击形状，在其中输入文字。

步骤4：设置文字和形状格式。选中文字，在右键菜单中设置文字的大小。选中形状，设置形状的填充颜色。

步骤5：设置流程图背景。调用 Visio 2016 背景功能为整个流程图添加背景效果。

步骤6：保存流程图。单击"文件"选项卡→"保存"命令，在打开的对话框中选择保存位置，输入文件名"业务流程图.vsdx"，单击"保存"按钮。

任务3.2 制作 Flash 动画

任务描述

Adobe Flash Professional CS6 软件是用于创建动画和多媒体内容的强大的创作平台。本任务是制作两个简单的 Flash 动画：一个是写字动画，另一个是运动小球动画。

任务分析

熟悉 Flash 的工作界面，然后制作简单逐帧动画和动作补间动画。

知识指导

活动1 Flash CS6 的工作界面

启动 Flash CS6，打开 Flash CS6 工作界面，如图 3-4 所示。

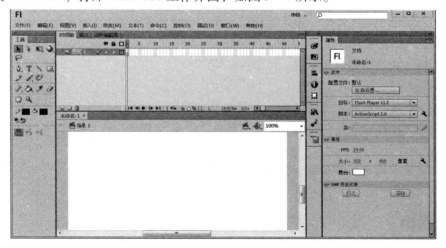

图 3-4 Flash CS6 工作界面

工作界面主要由以下 4 个部分组成。

（1）工具箱：位于界面左侧，包括了绘图、填充等一些常用工具。

（2）时间轴：用于控制和组织图层及帧的相关操作。图层位于时间轴的左侧，每层各自存放着自己的内容，多层叠放在一起，但彼此互不影响。帧位于时间轴的右侧，Flash 影片中的每一个画面称为一帧，通过连续播放即可产生动态效果。关键帧是指动画制作中的关键画面，当画面内容有大的改变时，需要插入关键帧。

（3）舞台：位于界面中央的白色区域，它是显示、编辑、绘制作品的地方。

（4）属性面板：位于舞台下方，用于设置、修改文档及各种选择对象的属性，进入不同的对象时，会有不同的属性面板。

活动 2　Flash CS6 的动画方式

1. 动作补间动画

在一个关键帧上放置一个元件，然后在另一个关键帧上改变该元件的大小、颜色、位置、透明度等，Flash 根据两者之间帧的值自动创建的动画，称为动作补间动画，如图 3-5 所示。

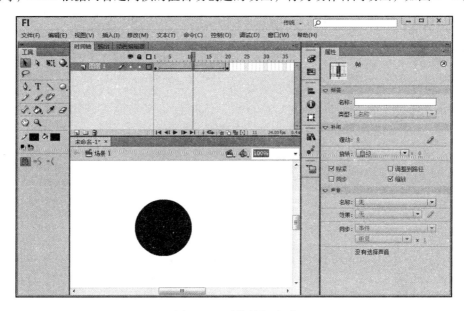

图 3-5　动作补间动画

2. 形状补间动画

形状补间动画是由一个对象变换成另一个对象，而该过程只需要用户提供两个分别包含变形前和变形后对象的关键帧，中间过程由 Flash 自动完成。在创建形状补间动画的过程中，如果使用的元素是图形元件、按钮、文字，则必须先将其"打散"，然后才能创建形状补间动画，如图 3-6 所示。

3. 逐帧动画

在时间帧上逐帧绘制帧内容称为逐帧动画，由于是一帧一帧地画，所以逐帧动画具有非

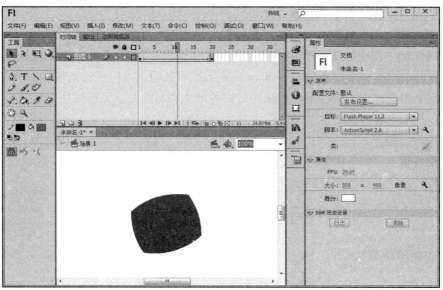

图 3-6 形状补间动画

常大的灵活性，几乎可以表现任何想表现的内容。

任务实施

步骤1：制作写字效果动画，具体操作如下。

（1）启动 Flash CS6，打开 Flash CS6 首页，选择自定义功能区"创建新项目"中的"Flash 文稿"选项，进入 Flash CS6 主界面，如图 3-7 所示。

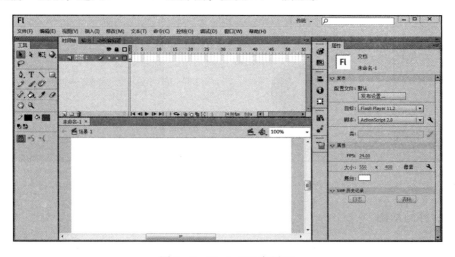

图 3-7 Flash CS6 主界面

（2）制作写字效果。在左侧的工具栏选择工具 T，在舞台开始输入文字，其效果如图 3-8 所示。完成后按住 Ctrl+B 组合键进行"打散"操作。

（3）按 F6 快捷键添加关键帧。在工具栏选择橡皮擦工具擦除文字，文字的擦除应该是笔画的反方向，按一次 F6 键添加一个关键帧，然后擦除一点，每次擦除得越少，得到的动画效果越细腻，如图 3-9 所示。

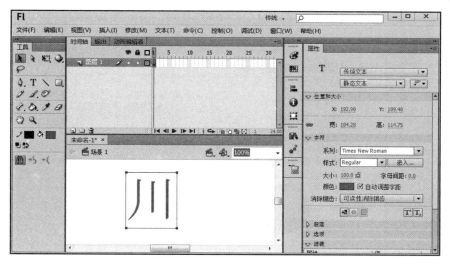

图3-8 输入动画文字

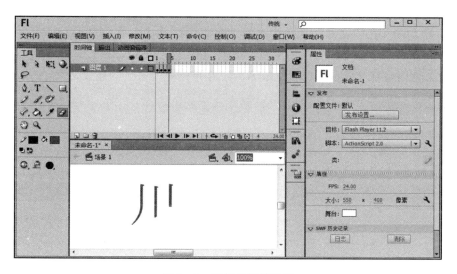

图3-9 添加关键帧操作

（4）完成后选取所有的关键帧，单击鼠标右键，在弹出的菜单中选择"翻转帧"命令，最后的动画效果就是文字的顺序书写。

（5）发布动画。在"文件"菜单中选择"另存为"命令，在打开的对话框中选择其保存位置，输入文件名"写字动画"，保存写字动画，然后按 Ctrl + Enter 组合键，将自动进行动画测试播放，同时会在文件保存位置生成名为"写字动画.swf"的播放文件（灰色的）。

步骤2：制作运动小球动画，具体操作如下。

（1）在工具栏选择椭圆工具，按住 Shift 键，拖动鼠标在舞台中绘制一个正圆。

（2）按 Delete 键去掉圆的外框线。

（3）选中圆，在工具栏的颜色里面选择填充桶工具，用颜色变形工具改变高光点，让小球呈现立体效果。

（4）在时间轴的第 10 帧和第 20 帧插入关键帧，如图 3-10 所示。

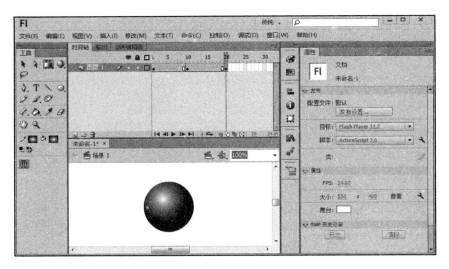

图 3-10 插入关键帧的小球

（5）选择第 10 帧关键帧，把小球的位置移动到下面。至此，小球动画制作完成。

（6）发布动画。在"文件"菜单中选择"另存为"命令，在打开的对话框中选择保存位置，输入文件名"小球动画"，保存小球动画，然后按 Ctrl + Enter 组合键，将自动进行动画测试播放，同时会在文件保存位置生成名为"小球动画.swf"的播放文件。

提示：Flash 动画需要通过 Flash 动画播放器才能播放。

项目 4

计算机网络基础与应用

项目引导

计算机网络已经成为人们生活的重要组成部分，并且具有越来越重要的地位，尤其是2020年疫情突然爆发，使得宽带上网、在线学习、办公、电子购物等成为常态，本项目通过"通过宽带上网""网络资料收集""收发电子邮件"等工作任务的实施与完成，体验计算机网络带给我们的快捷方便的生活方式，享受计算机网络带给我们的全新生活方式。

知识目标

- 了解网络的基本常识
- 了解网络设备及其作用
- 了解Internet的接入方法
- 掌握邮件收发的方法

技能目标

- 会进行网络连接
- 熟悉网络协议
- 能收发电子邮件

任务4.1 认识计算机网络

任务描述

突如其来的疫情打乱了我们的生活方式，因疫情防控需求，张磊需要居家办公，他现在想通过家里的宽带网络实现协同工作、资源共享等操作，从而保证工作的正常进行。

任务分析

完成本任务的操作思路如下。
步骤1：了解计算机网络的分类。
步骤2：了解计算机网络的功能。
步骤3：了解计算机网络的应用。

知识指导

本任务主要目标是了解计算机网络的组网方式，以及各自的特点。

网络是指将多台地理位置不同的具有独立功能的计算机及其外部设备，通过通信线路连接起来，在网络操作系统、网络管理软件及网络通信协议的管理和协调下，实现资源共享和信息传递的计算机系统。两台或两台以上的计算机由一条电缆相连接，就形成了最基本的计算机网络。无论多么复杂的计算机网络都是由它发展来的，如图 4-1 所示。

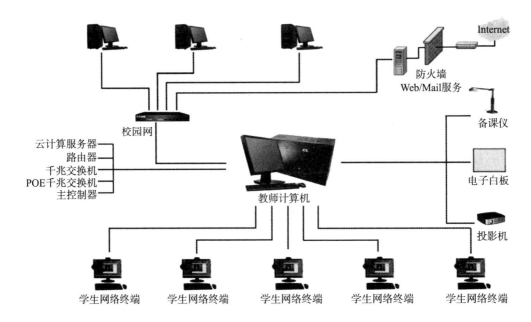

图 4-1　计算机网络示意图

1. 计算机网络的分类

按照覆盖的地理范围进行分类，计算机网络可以分为局域网、城域网和广域网 3 类。

（1）局域网（LAN）。局域网是一种在小区域内使用的、由多台计算机组成的网络，覆盖范围通常局限在 10 km 范围之内，属于一个单位或部门组建的小范围网。

（2）城域网（MAN）。城域网是作用范围在广域网与局域网之间的网络，其网络覆盖范围通常可以延伸到整个城市，借助通信光纤，将多个局域网联通公用城市网络组成大型网络，不仅局域网内的资源可以共享，局域网之间的资源也可以共享。

（3）广域网（WAN）。广域网是一种远程网，涉及长距离的通信，覆盖范围可以是一个国家或多个国家，甚至整个世界。由于广域网地理上的距离可以超过几千千米，所以信息衰减非常严重，这种网络一般要租用专线，通过接口信息处理协议和线路连接起来，构成网状结构，解决寻径问题。

2. 计算机网络的功能

（1）通信功能：现代社会信息量激增，信息交换也日益增多，每年有几万吨信件要传递。利用计算机网络传递信件是一种全新的电子传递方式。

（2）资源共享：在计算机网络中，存在许多昂贵的资源，例如大型数据库、巨型计算机等。这些资源并非为每一用户所拥有，而是以共享资源的形式提供。

（3）分布式处理：一项复杂的任务可以划分成许多部分，由网络内各计算机分别协作并行完成相关部分，以提高整个网络系统的处理能力。

（4）集中管理和高可靠性：计算机网络技术的发展和应用使现代的办公手段和经营管理发生了变化，如不少企事业单位都开发和使用了基于网络的管理信息系统（Management Information Systems，MIS）等软件，通过这些系统可以实现日常工作的集中管理，并大大提高工作效率。可靠性高表现在：网络中的各台计算机可以通过网络彼此互为后备机，此外，当网络中某个子系统出现故障时，可由其他子系统代为处理。

3. 计算机网络的应用

（1）办公自动化：是以计算机为中心，利用一系列现代化办公设备和先进的科学技术完成各种办公业务。OAS（Office Automation System）是在将办公室的计算机和其他办公设备连接成网络的基础上开发的无纸化办公软件。

（2）WWW 服务：是"World Wide Web"的简称，WWW 服务也称 Web 服务，是目前 Internet 上最受欢迎的服务。

（3）电子数据交换（Electronic Data Interchange，EDI）：是将贸易、生产运输、银行、海关等事务文件用一种国际公认的标准格式，通过计算机网络进行数据交换，并按照国际统一的语法规则对报文进行处理，完成以贸易为中心的业务全过程。

（4）E-mail 服务：E-mail 即通过网络上的计算机，相互传递、收发信息的邮件服务方式，可以传输文本、图像、声音、视频等信息。

（5）FTP 服务：为使用户能发送或接收比较大的程序或数据文件，Internet 提供了名为 FTP（File Transfer Protocol）的文件传输应用程序。FTP 服务允许用户进入另一台计算机系统，并获取该系统中的文件。

（6）现代远程教育（Distance Education）：是随着计算机网络技术、多媒体技术、通信技术的发展而产生的一种新型教育方式。

任务 4.2　计算机网络互连设备

任务描述

计算机网络是人们日常工作经常接触到的网络，组建计算机网络时常见的网络设备有哪些呢？常用的协议又是什么？

任务分析

完成本任务的操作思路如下。

步骤 1：熟悉网络互连的特点。

步骤 2：认识网络互连用的设备。

步骤 3：了解计算机网络常用协议。

知识指导

活动1　网络互连特点及类型

网络互连（Interconnection）是指将分布在不同地理位置的网络，通过一定的方法，用一种或多种通信处理设备相互连接起来，以构成更大规模的网络系统，并实现更大范围的资源共享。也可以为增强网络性能和易于管理，将一个规模很大的网络划分为几个子网或网段。

1. 网络互连的特点

网络互连涉及多种互连技术，它不仅包括同类型网络的互连，还包括异构网络、异构网络接入服务商的互连。网络互连允许用户在更大范围内实现信息传输和资源共享，主要包括两方面的内容：

（1）将多个独立的、小范围的网络连接起来构成一个较大范围的网络。

（2）将一个节点多、负载重的大型网络分解成若干个小型网络，再利用互连技术把这些小型网络连接起来。

网络互连的优点如下：

（1）提高网络的性能。

（2）降低成本。

（3）提高安全性。

（4）提高可靠性。

2. 网络互连类型

（1）局域网与局域网的互连：LAN–LAN 互连是指近程局域网的互连，其中又包括同种局域网之间的互连和异种局域网之间的互连。

（2）局域网和广域网的互连：局域网和广域网的连接可以采用多种接入技术，如通过 Modem、ISDN、DDN、ADSL 等。

（3）广域网与广域网的互连：广域网可分为两类。一类是指电信部门提供的电话网或数据网络。如 X.25、PSTN、DDN、FR 和宽带综合业务数字网。另一类是分布在同一城市、同一省或同一国家的专有广域网，这类广域网的通信子网和资源子网分别属于不同的机构，如通信子网属于电信部门、资源子网属于专有部门。

（4）局域网通过广域网与局域网的互连：这种类型的互连是多个远程的局域网通过公用的广域网进行的互连。一般使用路由器和网关通过广域网 ISDN、DDN、X.25 等实现。

利用网络互连设备可以将两个或两个以上的同构或异构的网络互连在一起，形成一个较大规模的网络，从而实现不同网络中的用户相互通信和资源共享。用于实现网络互连的设备可分为中继器、集线器、网桥、路由器、交换机和网关等。

活动2　路　由　器

 任务描述

本任务的主要目标是掌握路由器的工作原理和相关概念。

项目4　计算机网络基础与应用

 相关知识与技能

路由器（Router）是在网络层上实现多个网络互连的设备（如图 4-2 所示），用来互连两个或多个独立的相同类型或不同类型的网络：局域网与广域网的互连，局域网与局域网的互连。

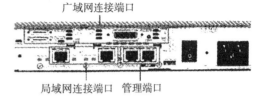

图 4-2　路由器

1. 路由器的工作原理

如图 4-3 所示：局域网 1、局域网 2 和局域网 3 通过路由器连接起来，3 个局域网中的工作站可以方便地互相访问对方的资源。

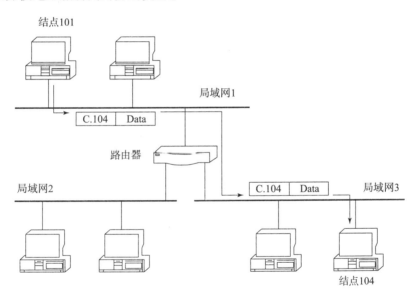

图 4-3　路由器的工作原理

2. 路由器的功能

（1）网络互连：路由器工作在网络层，是该层的数据包转发设备，多协议路由器不仅可以实现不同类型局域网的互连，而且可以实现局域网和广域网的互连及广域网间的互连。

（2）网络隔离：路由器不仅可以根据局域网的地址和协议类型，而且可以根据网络号、主机的网络地址、子网掩码、数据类型（如高层协议是 FTP、Telnet 等）来监控、拦截和过滤信息，具有很强的网络隔离能力。这种网络隔离功能不仅可以避免广播风暴，还可以提高整个网络的安全性。

（3）流量控制：路由器有很强的流量控制能力，可以采用优化的路由算法来均衡网络负载,从而有效地控制拥塞,避免因拥塞而使网络性能下降。

3. 路由表

路由表是指由路由协议建立、维护的用于容纳路由信息并存储在路由器中的表。路由表中一般保存着以下重要信息:

(1) 协议类型。
(2) 可达网络的跳数。
(3) 路由选择度量标准。
(4) 出站接口。

4. 路由器的一般结构

路由器一般由硬件、软件和常用连接端口组成。

(1) 硬件结构:通常由主板、CPU(中央处理器)、随机访问存储器(RAM/DRAM)、非易失性随机存取存储器(NVRAM)、闪速存储器(Flash)、只读存储器(ROM)、基本输入/输出系统(BIOS)、物理输入/输出(I/O)端口以及电源、底板和金属机壳等组成。

(2) 软件:路由器操作系统,该软件的主要作用是控制不同硬件并使它们正常工作。

(3) 常用连接端口:路由器常用端口可分为3类,它们分别是局域网端口、多种广域网端口和管理端口。

活动3 交 换 机

交换机是交换型以太网的主要互连设备。根据交换机所在 OSI 层次的不同,可分为二层和三层交换机;根据交换机的结构和扩展性能,有固定端口交换机和模块化交换机等类型;根据交换机在网络中的位置和交换机的性能档次,可以分为核心层交换机、汇聚层交换机和接入层交换机等类型。模块化可扩展的交换机一般具有三层交换功能,多数用在网络的核心层和汇聚层。二层交换机按产品结构可分为单台式、堆叠式和箱体式3类。按传输速率分,二层交换机可以分为以下几类:

(1) 简单的 10Mbps 交换机。
(2) 快速交换机。
(3) 10/100Mbps 自适应交换机。

三层交换机既克服了路由器数据转发效率低的缺点,又克服了二层交换机不能隔离广播风暴的缺点,使之具有 IP 路由选择的功能,又具有极强的数据交换性能,能有效地提高网络数据传输的效率和隔离网络广播风暴,同时价格又很实惠。所以常有以下两方面的用途:

(1) 用于大型局域网的网络骨干互连设备。
(2) 用于虚拟局域网的划分。

任务4.3 因特网接入方式与常用协议

任务描述

因特网是目前最大的网络,本任务中来学习接入因特网有哪些方式,常用的 TCP/IP 协议有什么作用以及 C/S 与 B/S 结构的区别。

任务分析

完成本任务的操作思路如下。
步骤 1：熟悉接入因特网方式。
步骤 2：熟悉 TCP/IP 协议。
步骤 3：了解 C/S 与 B/S 结构。

知识指导

活动 1　因特网接入方式

　　Internet 是遵循一定协议，自由发展的国际互联网，它利用覆盖全球的通信系统使各类计算机网络及个人计算机互相联通，从而实现智能化的信息交流和资源共享。要上网，首先要让自己的计算机接入 Internet，才能利用 Internet 的各种应用软件实现对网上资源的访问。用户计算机与 Internet 的连接方式通常可以分为 DDN 专线连接、电话拨号连接、通过局域网连接、通过 ISDN 连接、通过各种宽带连接和无线连接等，下面主要介绍 ADSL 接入和通过局域网连接。

1. ADSL 接入

　　ADSL（Asymmetrical Digital Subscriber Line）称为非对称数字用户线，是一种能够通过普通电话线来提供宽带数据业务的技术，ADSL 能够支持广泛的宽带应用服务，例如高速 Internet 访问、电视会议、虚拟专用网络以及音频多媒体应用，也是目前极具发展前景的一种接入技术。

　　ADSL 的安装通常都由电信公司的相关部门派人上门服务，进行的操作如下：
（1）局端线路调整，即将用户原有电话线接入 ADSL 局端设备。
（2）用户端。
　　硬件连接：先将电话线接入分离器（也叫作过滤器）的 Line 口，再用电话线分别将 ADSL Modem 和电话与分离器的相应接口相连，然后用交叉网线将 ADSL Modem 连接到计算机的网卡接口，如图 4-4 所示。

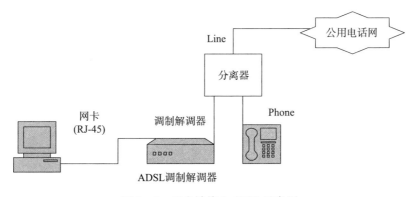

图 4-4　用户端接入 ADSL 示意图

软件安装：先安装适当的拨号软件（常用的拨号软件有 Enternet300/500、WinPoet、Raspppoe 等），然后创建拨号连接（输入 ADSL 账号和密码）。

连接上网：双击建立的 ADSL 连接图标，单击 connect 进行连接。

2. 通过局域网连接

随着 Internet 的流行，几乎所有的局域网都通过各种形式与 Internet 连接。大、中型局域网大多数通过交换机、路由器或专线接入 Internet，如果有较高的上网速度要求，可以拉一根专线到局域网，还可以通过无线接入方式连接局域网。在无线网的信号覆盖区域内任何一个位置都可以接入网络，而且安装便捷，使用灵活，上网位置可以随意变化。

用户计算机与局域网的连接方式取决于用户使用 Internet 的方式。如果仅打算在需要时才接入 Internet，可以通过用电话线和调制解调器进行拨号连接的方式接入，这种方式的连接费用较低，但传输速率也较低，而且容易受到诸多因素的影响。

活动 2　TCP/IP 协议

目前，TCP/IP 协议已经在几乎所有的计算机上得到了应用，从巨型机到 PC 机，包括 IBM、AT&T、DEC、HP、SUN 等主要计算机和通信厂家在内的数百个厂家，都在各自的产品中提供对 TCP/IP 协议的支持。局域网操作系统中的三大阵营：Netware、Microsoft 和 UNIX 都已将 TCP/IP 协议纳入自己的体系结构，著名的分布数据库 ORACLE 等也支持 TCP/IP 协议。

TCP/IP 协议不仅仅是一个简单的协议，它是由一组小的、专业化的子协议组成的，其中包含了许多通信标准，以便规范网络中计算机的通信和连接。TCP/IP 协议结构可以分为 4 个层次，由下向上分别是网络接口层（Network Interface Layer）、互联网络层（Internet Layer）、传输层（Transport Layer）和应用层（Application Layer）。

TCP/IP 协议的结构模型如图 4-5 所示。

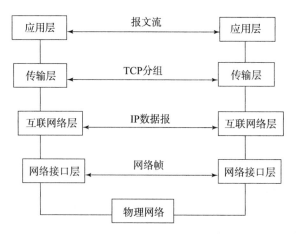

图 4-5　TCP/IP 协议的结构模型

知识拓展

1. 网络接口层

网络接口层是 TCP/IP 协议的底层，与 OSI 参考模型中的物理层和数据链路层相对应。事实上，TCP/IP 本身并未定义该层的协议，而由参与互连的各物理网络使用自己的物理层和数据链路层协议（如以太网使用 IEEE 802.3 协议，令牌环网使用 IEEE 802.5 协议），然后与 TCP/IP 的网络接口层进行连接。换句话说，网络接口层是 TCP/IP 与各种 LAN 或 WAN 的接口。

2. 互联网络层

互联网络层的主要功能是负责在互联网上传输数据报，在功能上类似于 OSI 体系结构中的网络层。它包括 3 个方面的功能：

（1）处理来自传输层的分组发送请求，收到请求后，将分组装入 IP 数据报，填充报头，选择去往信宿机的路径，然后将数据报发往适当的网络接口。

（2）处理输入的数据报，首先检查其合法性，然后进行路由选择。假如该数据报已到达信宿本地机，则去掉报头，将剩余部分（TCP 分组）交给适当的传输协议。假如该数据报尚未到达信宿，即转发该数据报。

（3）处理网际控制报文协议 ICMP，即处理路径、流控、拥塞等问题。另外，网间网层还提供差错报告功能。

3. 传输层

传输层又称为 TCP 层，其根本任务是提供一个应用程序到另一个应用程序之间的通信，这样的通信常被称为"端到端"通信。它包含了 OSI 传输层的功能和 OSI 对话层的某些功能。传输层的核心协议是传输控制协议（TCP）和用户数据报协议（UDP）。

TCP 协议是一个面向连接的数据传输协议，它提供数据的可靠传输。TCP 负责 TCP 连接的确立、信息包发送的顺序和接收，防止信息包在传输过程中丢失。

UDP 协议是一种提供无连接服务的协议。UDP 协议提供的传输是不可靠的，它虽然实现了快速的请求与响应，但是不具备纠错和数据重发功能。当被转移的数据量很小，或者不想建立一个 TCP 连接，或者上层协议提供可靠传输时，可以采用 UDP 协议。

4. 应用层

应用层对应于 OSI 参考模型的高层，为用户提供所需要的各种服务。例如，目前广泛采用的 HTTP、FTP、TELNET 等是建立在 TCP 协议之上的应用层协议，不同的协议对应着不同的应用。下面简单介绍几个常用的协议。

1）HTTP（超文本传输协议）

HTTP 即超文本传输协议，是一种 Internet 上最常见的协议，用于 WWW 服务器传输超文本文件到本地浏览器。用户通过 URL 可以链接到相应的 Web 服务器，并打开所访问的页面。

2）FTP（文件传输协议）

FTP 使用户可以在本地机与远程机之间进行有关文件传输的相关操作，如上传、下载等。FTP 也在 C/S 模式下工作，一个 FTP 服务器可同时为多个客户端提供服务，并能够同时处理多个客户端的并发请求。

3）TELNET（远程登录协议）

TELNET 也称为远程终端访问协议。使用该协议，通过 TCP 连接可登录（注册）到远程主机上，使本地机暂时成为远程主机的一个仿真终端，即把在本地机输入的每个字符传递给远程主机，再将远程主机输出的信息回显在本地机屏幕上。

4）NNTP（网络新闻传输协议）

NNTP 是一种通过使用可靠的客户端/服务器流模式实现新闻文章的发行、查询、修改及记录等过程的协议。借助 NNTP，新闻文章只需要存储在一台服务器主机上，而位于其他网络主机上的用户通过建立到新闻主机的流连接阅读到新闻文章，NNTP 为新闻组的广泛应用建立了技术基础。

5）DNS（域名系统协议）

DNS 是一种分布式网络目录服务，主要用于域名与 IP 地址的相互转换，以及控制 Internet 的电子邮件的发送。大多数 Internet 服务依赖于 DNS 而工作。一旦 DNS 出错，就无法连接 WEB 站点，电子邮件的发送也会中止。

6）SNMP（简单网络管理协议）

SNMP 是专门设计用于在 IP 网络管理网络节点（服务器、工作站、路由器、交换机及集线器等）的一种标准协议，它是一种应用层协议。SNMP 使网络管理员能够管理网络效能，发现并解决网络问题，以及规划网络增长。通过 SNMP 接受随机消息（及事件报告），网络管理系统可以获知网络出现问题。

活动3　C/S 结构和 B/S 结构

随着计算机技术和计算机网络的发展，客户机/服务器的计算模式逐渐取代了以大型主机为中心的计算模式，在处理一个特定的事物时，可以同时使用客户机和服务器两方的智能、资源和计算能力，极大地提高了网络计算的能力。因此，客户机/服务器模式作为一种先进的计算模式成了网络计算发展的主流。随着 Internet/Intranet 技术和应用的发展，浏览器/服务器的计算模式在 20 世纪 90 年代中期逐渐形成和发展，目前已成为企业网上首选的计算模式。

客户机/服务器（Client – Server）模式，简称 C/S 模式，是人们熟知的软件系统体系结构，通过将任务合理分配到 Client 端和 Server 端，降低了系统的通信开销，可以充分利用两端硬件环境的优势，在客户机/服务器模式下，应用被分为前端（客户部分）和后端（服务器部分）。客户部分运行在微机或工作站上，而服务器部分可以运行在从微机到大型机等各种计算机上。客户机/服务器模式最大的技术特点是系统使用了客户机和服务器双方的智能、资源和计算能力来执行一个特定的任务，也就是说，一个任务由客户机和服务器双方共同承担。

浏览器/服务器（Browser – Server）模式，简称 B/S 模式，是随着 Internet 技术的兴起，对 C/S 结构的一种变化或者改进的结构。在这种结构下，客户机上只要安装一个浏览器，如 Netscape Navigator 或 Internet Explorer，服务器上安装 Oracle、Sybase、Informix 或 SQL Server 等数据库。浏览器通过 Web Server 同数据库进行数据交互。用户界面完全通过 WWW 浏览器实现，一部分事务逻辑在前端实现，但是主要事务逻辑在服务器端实现，形成所谓 3-tier 结构。B/S 结构主要是利用了不断成熟的 WWW 浏览器技术，结合浏览器的多种 Script 语言（VBScript、JavaScript……）和 ActiveX 技术，用通用浏览器就实现了原来需要复杂专用软件才能实现的强大功能，并节约了开发成本，是一种全新的软件系统构造技术，如图 4-6 所示。

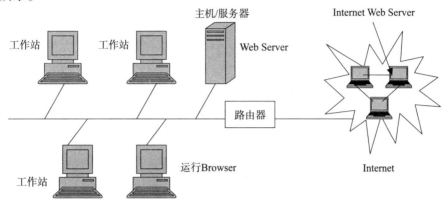

图 4-6 B/S 结构模式的网络结构

1）基于 Web 技术的浏览器/服务器模式特征

与面向对象技术相结合，具有实时性、可伸缩性和可扩展性的协同事务处理能力，并具有浏览三维动画超媒体技术的能力。它采用了面向对象的技术和虚拟现实标志语言。

2）浏览器/服务器模式应用系统平台的特点

随着 Web 技术及应用的发展，Web 逐渐形成一个复杂的开发和应用平台，迫切要求更新的、更强壮的、规模化的应用来支持高效、分布和异构的应用环境。各大系统或软件厂商纷纷推出各自的 Internet/Intranet 应用系统平台及相应的产品系列以适应极速发展的需求。这些应用系统平台所反映的特点有以下几个方面。

（1）分散应用与集中管理。

（2）跨平台兼容性。

（3）交互性和实时性。

（4）协同工作。

（5）系统易维护性。

B/S 最大的优点就是可以在任何地方进行操作而不用安装专门的软件。只要有一台能上网的电脑就能使用，客户端零维护。

任务 4.4 收发电子邮件

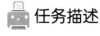 任务描述

电子邮件（Electronic Mail，简称 E-mail，被大家昵称为"伊妹儿"）又称电子信箱。

它是一种用电子手段提供信息交换的通信方式，是互联网上最早出现的用于传送信息的服务。电子邮件由于其使用简易、投递迅速、收费低廉、易于保存、全球畅通无阻的特点而被广泛应用，它使人们的交流方式得到了极大改变。另外，电子邮件还可以进行一对多的邮件传递，即同一邮件可以一次发送给多人。

任务分析

完成该任务的操作思路如下。
步骤1：熟悉电子邮件工作原理。
步骤2：利用QQ邮箱收发邮件。

知识指导

活动1　电子邮件系统工作原理

电子邮件的工作过程遵循客户—服务器模式，每份电子邮件的发送都要涉及发送方与接收方，发送方构成客户端，而接收方构成服务器，服务器含有若干用户的电子信箱。发送方通过邮件客户程序，将编辑好的电子邮件向邮局服务器（SMTP服务器）发送。电子邮件发送与接收模拟如图4-7所示。

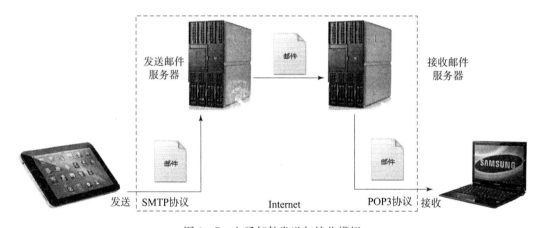

图4-7　电子邮件发送与接收模拟

邮局服务器识别接收者的地址，并向管理该地址的邮件服务器（POP3服务器）发送消息。邮件服务器将消息存放在接收者的电子信箱内，并告知接收者有新邮件到来。接收者通过邮件客户程序连接到服务器后，就会看到服务器的通知，进而打开自己的电子信箱来查收邮件。为了接收电子邮件，收件人必须有一个邮件地址。通常，电子邮件地址由用户向邮件ISP通过申请而获得。邮件地址的格式一般为：用户名@邮件服务器名，如gfxy@163.com、gfxy@yahoo.com.cn。此处的"邮件服务器名"为邮件服务器的标识符，也就是邮件必须要交付到的邮件目的地的主机名；而"用户名"则是在该邮件服务器上的邮箱地址名称。常见的电子邮件协议有以下几种：SMTP（简单邮件传输协议）、POP3（邮局协议）和IMAP（Internet邮件访问协议）。这几种协议都是基于TCP/IP协议定义的。

（1）SMTP（Simple Mail Transfer Protocol）：即简单邮件传输协议。它主要负责底层的邮

件系统如何将邮件从源地址到目的地址传输邮件的规范,通过它来控制邮件的中转方式。

（2）POP（Post Office Protocol）：即邮局协议。目前的版本为POP3。POP规范个人计算机连接到Internet的邮件服务器和下载电子邮件的协议。POP3协议允许电子邮件客户端下载服务器上的邮件,但在客户端的操作（如移动邮件、标记已读等）不会反馈到服务器上。

（3）IMAP（Internet Mail Access Protocol）：IMAP邮件客户端（如Outlook Express）从邮件服务器上获取邮件的信息、下载邮件等的协议。IMAP协议提供Webmail（用浏览器来阅读或发送电子邮件的服务）与电子邮件客户端之间的双向通信,客户端的操作都会反馈到服务器上,包括对邮件进行的操作,而服务器也会做相应的操作。IMAP和POP3协议都支持邮件下载服务,让用户可以进行离线阅读。

活动2　利用QQ邮箱收发电子邮件

在网络上收发电子邮件一般有两种方式,即基于Web的电子邮件服务和借助第三方电子邮件客户端软件的电子邮件服务。用户可根据个人需要、使用习惯等综合因素进行选择使用。基于Web的电子邮件服务是在Web页面中直接通过网站的邮件系统完成邮件的收发。它简单方便,但前提条件是要登录电子邮件信箱才能进行邮件的收发。如图4-8所示为QQ电子邮箱登录界面,在左侧的邮件文件夹区单击打开文件夹,可对其中的邮件进行操作。单击"收件箱"选项,即可打开自己收到的邮件;单击"写信"选项,填写收邮件人的邮箱地址和主题,可打开邮件书写页面,如图4-9所示,邮件书写结束后,单击"发送"按钮发送邮件。

图4-8　登录Web页面邮箱示例

常见的电子邮件客户端软件有Outlook、Foxmail等,邮件客户端软件基于Internet标准收发电子邮件、支持数字签名和加密、本地邮箱邮件搜索及反垃圾邮件等功能,方便实用。Windows 7之前的系统中自带Outlook Express邮件客户端软件,在Windows 7中开始升级为

信息技术基础与应用（Windows 10 + Office 2016）

图 4-9　QQ 邮箱写信

Windows Live Mail，且需自行在微软官方网站下载安装，同时在 MS Office 中集成了 MS Outlook 组件供用户使用。

项目 5

计算机安全防护

项目引导

随着计算机网络的发展，网络在带给人们全新生活方式的同时，随之而来的安全隐患也越来越多，经常听到很多企业和个人在网上遭遇到欺诈或者中毒事件，有些甚至造成严重的经济损失和严重的安全事故，杀毒软件和防火墙因此成为个人和企业安全上网不可或缺的工具。本项目从 360 杀毒软件和 360 安全卫士的安装与使用入手，通过两个工作任务，让大家了解计算机安全防护的基本手段，使个人电脑避免病毒的感染，以此创建一个安全的计算机运行环境。

知识目标

- 了解计算机病毒及其种类
- 了解计算机病毒的特征
- 了解计算机安全防护措施
- 掌握 360 杀毒软件的查杀病毒的方法
- 掌握 360 安全卫士的设置和使用方法

技能目标

- 会安装 360 杀毒软件
- 能使用 360 杀毒软件查杀病毒
- 会安装 360 安全卫士防火墙
- 会对防火墙进行设置

任务 5.1 使用 360 杀毒软件查杀病毒

任务描述

大量的计算机病毒充斥着互联网，在上网过程中，计算机有可能会遭到病毒文件的攻击，因此必须安装杀毒软件来保护计算机系统。杀毒软件种类繁多，可根据个人业务的需要选择不同的杀毒软件产品。"360 杀毒"是 360 安全中心推出的一款供用户免费使用的杀毒软件，具有查杀效率高、资源占用少、升级迅速、操作简单等特点，同时可以与其他杀毒软件共存。本任务是给个人电脑安装 360 杀毒软件，并使用 360 杀毒软件进行病毒查杀和防护。

任务分析

为了更好地完成本任务，首先需要了解计算机病毒的有关知识，在此基础上，按照以下步骤实施。

步骤1：下载360杀毒软件。

步骤2：安装360杀毒软件。

步骤3：对电脑进行体检。

步骤4：查杀木马。

知识指导

活动1　什么是网络安全

网络安全是指通过采取各种技术与管理措施，使网络系统的硬件、软件及其系统中的数据资源受到保护，不因一些不利因素的影响而使这些资源遭到破坏、更改、泄露，保证网络系统连续、可靠、正常地运行。网络安全主要包括机密性、完整性、可用性、可控性和可审查性5个基本要素。

（1）机密性：确保信息不暴露给未经授权的用户或进程。

（2）完整性：只有得到允许的人才能修改数据，并且能够判别出数据是否被篡改。

（3）可用性：得到授权的实体在需要时可访问数据，即攻击者不能占用所有的资源而阻碍授权者的工作。

（4）可控性：表示可以控制授权范围内的信息流向及行为方式。

（5）可审查性：对出现的网络安全问题可以提供调查的依据和手段。

活动2　计算机病毒的特征

计算机病毒的特征主要有传染性、隐藏性、潜伏性、触发性、破坏性和不可预见性。

（1）传染性。计算机病毒会通过各种媒介从已被感染的计算机扩散到未被感染的计算机，这些媒介包括程序、文件、存储介质、网络等。

（2）隐藏性。不经过程序代码分析或计算机病毒代码扫描，计算机病毒程序与正常程序是不容易区分的。在没有防护措施的情况下，计算机病毒程序一经运行并取得系统控制权后，可以迅速感染给其他程序，而在此过程中屏幕上可能没有任何异常显示，这种现象就是计算机病毒传染的隐蔽性。

（3）潜伏性。病毒具有依附于其他媒介寄生的能力，它可以在磁盘、光盘或其他媒介上潜伏几天，甚至几年，不满足其触发条件时，除了感染其他文件以外不做破坏；触发条件一旦得到满足，病毒四处繁殖、扩散、破坏。

（4）触发性。计算机病毒发作需要一个发作条件，其可能利用计算机系统时钟、病毒体内自带计数器、计算机内执行的某些特定程序等作为条件，如一些病毒在打开附件时就会发作。

（5）破坏性。当触发条件满足时，病毒在被感染的计算机上开始发作，程序在执行时需要消耗处理器时间和存储器空间等系统资源，病毒也不例外。当计算机被感染后，可用资源被病毒"抢夺"，正常程序运行速度下降、出错或无法运行，这些属于轻微的破坏；恶性病毒在感染系统后，通常会删除文件、格式化硬盘、阻塞网络甚至损坏硬件，有的病毒制造者为了提高病毒的"生存"能力，还为后者加入了破坏杀毒软件的功能。

（6）不可预见性。病毒相对于杀毒软件永远是超前的，从理论上讲，没有任何杀毒软件能杀除所有的病毒。

活动3　计算机病毒的防范措施

1. 构建防火墙与防毒墙

在计算机网络病毒研究中发现，计算机病毒不仅传播途径隐蔽，也存在随机性特点，会在短时间内对计算机网络及计算机造成严重的破坏。在开展计算机网络安全防范工作时，需要建立防火墙和防病毒墙的技术屏障，在病毒隔离的层面上提高防御性能。防火墙技术主要是从网络安全的角度，借助网络空间隔离技术来控制网络通信接入，其中采用了网关技术、包过滤技术和状态监测技术。例如，可以提取相关状态信息与安全策略进行比较，科学地检查网络动态数据包。如果发现事故，应立即停止传输。网关技术是在网络数据通信端口设置相关工作站，主要负责检查进入网络平台的网络数据和网络请求，避免恶意攻击。

2. 访问控制与身份验证

对于网络系统中的每一台计算机，都必须使用身份认证来进行身份识别，需要从身份识别的角度进行确认。安全管理应科学地设置密码，通过密码认证的方式进行访问控制。此外，应该对用户进行相应的分级管理，利用不同的权限，充分利用网络资源。在密码认证中，可以加强对密码字符数的控制，根据不同字符组合设置密码，并定期更换。网络安全管理员可以采用密钥加密的方式来进行处理。在此基础上，要遵循事先约定的基本原则，对权限范围进行确认，在控制阶段就要对用户实施分组处理。

3. 反病毒软件

对于计算机网络病毒而言，不管是防火墙技术还是数据加密技术，都会存在黑客攻击与病毒攻击的行为。目前网络病毒的传播是非常迅速的，病毒的感染概率也非常高。因此，可以用反病毒软件进行防范处理。其主要的方法是借助反病毒软件来检测，从而在第一时间清理存在的恶意程序，如将杀毒软件安装在NT服务器后，对局域网各个部分进行安全配置，借助操作系统之间的相关安全处理措施，构建网络病毒防御系统。另外，可以结合网络病毒的基本特点进行有针对性的设计，如果发现病毒，就要启动隔离系统，如果有个别终端感染了病毒，服务器将起到防止病毒扩散的作用。首先，要采取一切措施和手段，确保信息文件的安全；其次，一些不重要的信息要定期手动备份；再次，对于一些重要的关键信息，建立一个集中管理的存储备份系统；最后，将备份信息和文档保存在安全的地方。

4. 加强内部管理

加强内部管理主要从以下几个方面入手：首先，对所有主机与设备进行加密处理，所使用的密码长度要足够长，且密码要足够复杂，不能被随意破解，要及时做出更换。其次，需要严格控制各项设备的访问权限，并保证权限密码的多样性，让尽可能少的人知道，一般的成员只能登录设备使用。

5. 应急系统安装盘

在工作和生活中,备份一个安装有杀毒软件和基本工具的系统盘。当遇到病毒的攻击,导致系统无法正常工作时,就可以利用应急系统安装盘,进行相关的排毒工作。

6. 操作系统的更新与升级

任何一个操作系统都不是完美的,随着时间的增长,其系统漏洞会逐步显现,从而产生较大的安全隐患。因此,在平时使用计算机的过程中,要保持操作系统的及时更新,保持安全健康的使用环境。对于电脑上的常用软件,也应该及时更新,确保其匹配操作系统。

7. 文件加密及数据备份

首先,计算机病毒攻击电脑的本质,就是对系统文件程序的改写,导致系统运行出现紊乱,从而崩溃。了解到这一点之后,可以对一些重要的文件进行加密处理,提高程序破解的难度,降低计算机病毒的破坏力。其次,养成良好的计算机病毒预防习惯,每10天或每半个月对计算机数据进行一次备份,将计算机病毒带来的损失降到最低。

8. 杀毒软件与防火墙安装

安装防火墙和杀毒软件是每个计算机用户都能意识到的一条防范措施,但需要注意的是:第一,每个杀毒软件在杀毒的过程中有不同的侧重点,因此,可以安装多个杀毒软件,实现立体矩阵的防护网,但杀毒软件也不是越多越好,过多的杀毒软件会占用系统内存、影响电脑性能;第二,防火墙是网络数据进入电脑的第一道门槛,相当于电脑的"扁桃体",对数据进行仔细分析和核实;第三,要保持对杀毒软件和防火墙的及时更新、及时升级。

9. 良好的计算机使用习惯

在平时的工作中,要养成良好的计算机使用习惯,对互联网上的陌生邮件链接、视频图片等保持警觉性,第一时间使用杀毒软件进行扫描,结果显示安全无毒后再进行浏览,保证在工作中所使用的电脑环境是安全的。

10. 完善制度管理

要结合计算机网络具体运行状况,不断对相关制度进行完善,让网络设备始终在安全的环境中运行,避免出现网络安全问题。对服务器、主干交换机等设备来说,应该将管理措施做到位,所有通信线路必须做出架空、深埋与穿线处理,将相关标识做好,同时各终端设备要采取有效的管理办法。要结合我国现行法律法规,严格落实信息安全管理制度,将各人员的具体职责明确下来,让用户个人信息得到安全的保护。管理人员应该增强安全意识,加强对他们的安全技术的培训,能够主动将应急响应工作提前做好,及时更换故障设备,确保计算机正常运行。

活动4 反病毒软件的功能

目前市场上主流的反病毒软件产品均具有查杀病毒、实时监控、自动升级的功能,其中查杀病毒用于计算机系统被病毒感染后查找及清除病毒，实时监控用于防止被病毒感染计算机系统或防止已感染的病毒被激活，自动升级作为辅助功能，可以明显提高查杀病毒和实时监控的效果。

1. 查杀病毒

反病毒软件在计算机系统的存储器中扫描病毒，如果发现外存中含有病毒，则根据实际情况或用户的设置对感染病毒的文件进行清除、删除、重命名或禁止访问等操作；如果发现内存中含有病毒，说明病毒已经被激活，则根据实际情况或用户的设置对病毒进程或染毒进程进行终止操作。

2. 实时监控

病毒感染计算机系统的前提条件是病毒进入计算机系统的内存或外存，实时监控可以监视进出内存和外存的所有数据，如果发现带有病毒特征的数据则进行杀毒操作，以防止木马病毒进入用户的计算机系统。

3. 自动升级

反病毒软件对自身进行修改以提高运行效果，主要包含两个方面，一是升级各种反病毒程序，使反病毒软件运行得更加科学高效；二是升级病毒库，病毒库中含有已知病毒的特征，是反病毒软件识别病毒的基础，升级病毒库后反病毒软件可以查杀最新的病毒。

任务实施

下载、安装和使用360杀毒软件的具体操作步骤如下。

步骤1：下载"360杀毒"软件安装程序。

（1）登录360杀毒官方网站（http://www.360.cn），即可下载最新版本的360杀毒安装程序，如图5-1所示，当前最新版为360杀毒5.0.0.8160版。

图5-1　360安全中心网站

（2）单击页面上的360杀毒下载链接，保存到指定下载的目标位置，然后单击"下载"按钮，将360杀毒安装程序下载到本地硬盘。

步骤2：安装"360杀毒"软件。

（1）双击运行下载好的安装包，弹出360杀毒软件安装向导，如图5-2所示。这一步建议按照默认设置即可，当然也可以单击"更换目录"按钮，选择其他安装路径。单击"立即安装"按钮后开始安装，如图5-3所示。

图5-2 下载"360杀毒"

图5-3 "360杀毒"安装界面

（2）安装完成之后，可以看到360杀毒主界面，如图5-4所示，同时在桌面上生成360杀毒快捷方式图标。在主界面可以查看360杀毒的运行状态，在选定的区域上扫描病毒、更新病毒库以及360杀毒设置等功能。

步骤3：设置360杀毒软件自动启动。单击主界面右上角的"设置"按钮，打开"360杀毒-设置"对话框，如图5-5所示，默认显示在"常规设置"选项卡，在"常规选项"选项组中勾选"登录Windows后自动启动"复选框，以后每次开机时，360杀毒软件将自动运行，对电脑实施"全程"保护。

图5-4 "360杀毒"主界面

图5-5 "360杀毒设置"对话框

步骤4：开启实时防护功能。

电脑病毒应该以防护为主，查杀为辅。360杀毒软件的实时防护功能可以防止计算机系统被病毒感染，为用户的计算机系统提供全面的安全防护。在"360杀毒-设置"对话框中打开"实时防护设置"选项卡，设置病毒的防护级别、监控文件的类型和发现病毒时的处理方式等。

360杀毒实时防护有低、中、高三个级别，拖动"防护级别设置"游标，根据计算机性能以及实际应用环境选择一个合适的防护级别，如图5-6所示。

- 低（轻巧防护）：对计算机系统进行最基本的保护，消耗系统资源极少，可以确保病毒无法运行。
- 中（中度防护）：对计算机系统进行全面的保护，消耗资源较少，在确保病毒无法运行的基础上，防止病毒扩散。
- 高（严格防护）：比中度防护更加安全，需消耗较多计算机系统资源，会影响

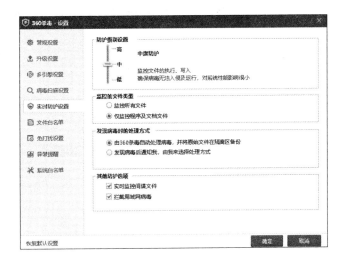

图5-6 实时防护设置

系统的运行速度，与病毒有关的行为都将被拦截。

提示：如果计算机系统不与外界进行数据交换或进行少量数据交换，将防护级别设置为基本防护即可；如果经常与外界进行数据交换，应将防护级别设置为中度防护；如果在不安全的环境下进行数据交换，应将防护级别设置为严格防护。

步骤5：启动手动杀毒扫描程序。在360杀毒主界面单击"快速扫描"选项，即可开始对电脑进行病毒扫描，如图5-7所示，扫描完毕，弹出如图5-8所示窗口，单击"立即处理"按钮，对发现的问题进行清除。

图5-7 快速扫描进度

提示：360杀毒还提供"全面扫描""自定义扫描"及"宏病毒扫描"功能，单击相应的选项，即可对指定目标进行病毒查杀。

步骤6：360杀毒软件更新、升级。杀毒软件需要经常升级才能查杀最新的病毒和各种

图 5-8　快速扫描结果

恶意程序。360 杀毒软件默认开启自动升级功能，即可在线自动升级病毒特征库和程序。如果需要手动升级，在 360 杀毒主界面中单击"检查更新"链接，即可开始产品升级，如图 5-9 所示，升级完毕后给出提示窗口，如图 5-10 所示。

图 5-9　360 杀毒产品升级

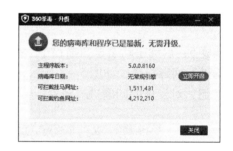
图 5-10　升级完成信息

> 提示：360 杀毒软件不仅可以完成病毒查杀，还可选择"系统安全""系统优化""系统急救"功能，可根据自己实际需要选择。

任务 5.2　防火墙的安装与使用

任务描述

当前计算机网络应用已经无处不在，用户可以通过它及时获取资讯、收发邮件或者购物、与亲朋好友聊天等，但是网络给人们带来便利的同时，也带来了许多安全隐患，比如，信息泄露、资金账号和密码被盗时有发生。对计算机数据安全构成威胁的，一方面来自计算机病毒，另一个方面则来自电脑黑客，黑客利用系统中的安全漏洞非法进入他人计算机系统，其危害性非常大，从某种意义上讲，黑客对信息安全的危害比一般的电脑病毒更为严重。因此，对电脑用户来说，除了必不可少的杀毒软件外，还需要安装防火墙来防止黑客的攻击。本任务是安装和使用一款防火墙软件——360 安全卫士。

任务分析

在了解黑客和防火墙知识的基础上,完成该任务,操作思路如下。

步骤1:下载360安全卫士。

步骤2:安装360安全卫士。

步骤3:对电脑进行体检。

步骤4:查杀木马。

步骤5:系统防黑加固。

步骤6:木马防火墙设置。

知识指导

活动1　黑客与信息安全

1. 黑客及其演变

Hacker(黑客)一般是指:一个对(某领域内的)编程语言有足够了解,可以不需长久思考便创造出有用软件的人。"Hacker"一词,原指热心于计算机技术、水平高超的电脑专家,尤其是程序设计人员,他们对操作系统和编程语言有着深刻的认识,乐于探索操作系统的奥秘,善于探索了解系统中的漏洞及其原因所在,他们恪守这样一条准则:"Never damage any system"(永不破坏任何系统),他们近乎疯狂地钻研更深入的电脑系统知识并乐于和他人共享成果,他们一度是电脑发展史上的英雄,为推动计算机的发展起了重要的作用。他们喜爱自由、不受约束,假如是为了喜爱的事物,则可以接受被适当的约束。这一群人试图破解某个程序、系统或网络,根据他们的目的大致可分为3个类型:白帽黑客(White Hat)、灰帽黑客(Grey Hat)、黑帽黑客(Black Hat)。白帽黑客以"改善"为目标,破解某个程序做出(往往是好的)修改,而增强(或改变)该程序之用途,或者通过入侵去提醒设备的系统管理者其安全漏洞,有时甚至主动予以修补;灰帽黑客以"昭告"为目标,通过破解、入侵去炫耀自己拥有高超的技术,或者宣扬某种理念;黑帽黑客以"利欲"为目标,通过破解、入侵去获取不法利益,或者发泄负面情绪。其中,白帽黑客大多是电脑安全公司的雇员,通常是在合法的情况下攻击某系统。

显然,对于黑客的描述,原来没有丝毫的贬义成分,但随着互联网的发展,黑客的名声被少数怀着不良企图的人玷污了,黑客才逐渐演变成"入侵者""破坏者"的代名词。到了今天,黑客一词已被用于泛指那些在计算机技术上有一定特长,非法闯入他人计算机及网络系统,获取和破坏重要数据,或为私利而制造麻烦的具有恶意行为的人。其实对于这些破坏者,正确称呼应该是Cracker(骇客),骇客的出现玷污了黑客,使人们把"黑客"和"骇客"混为一体。而黑帽黑客同时也被称作Cracker(骇客)。Cracker(骇客)异于其他黑客的地方在于:Cracker是指一个恶意(一般是非法地)试图破解某个程序、系统或网络,进而窃盗、毁损或使其瘫痪的人。Cracker没有道德标准,也没有"黑客精神"。Hacker建设,而Cracker破坏。但是这两个英文词汇常被翻译成同一个中文词黑客,所以中文里的"黑客"经常指的是Hacker和Cracker中的任何一个。也就是说,在误解下,"黑客"一词既指对编程语言有足够了解并喜欢编程的人,也有可能指恶意破坏者。然而,在英文里,Hacker 和 Cracker 这两个词的意思是有差异的。

> **提示**:公众通常不知"脚本小子"(Script Kiddie)和黑帽黑客的区分。脚本小子是利用他人所撰写的程序发起攻击的网络闹事者。他们通常不懂得攻击目标的设计和攻击程序的原理,不能自己对系统做调试、找出漏洞,实际专业知识远远不如他们通常冒充的黑帽黑客。然而,有不少青少年借由网络入侵传播病毒、木马、破坏系统,因此导致计算机犯罪。

2. 黑客的攻击手段

黑客的攻击手段非常多,只要能够达到破坏的目的,任何有效的方法都会被使用,甚至包括潜入机房偷走服务器。对于普通用户,黑客的攻击手段主要有以下 6 种。

1)网络监听

网络上提供的大量服务都使用非加密协议,如浏览网页的 HTTP 协议、传送文件的 FTP 协议、部分即时通信软件采用的聊天协议。当用户使用这些服务时,黑客就可以在用户与服务器之间的任何数据节点截获数据并看到内容。

2)木马入侵

木马是一种基于远程控制的程序,但在运行时没有提示,用户很难发现。黑客通常将木马放置在用户经常使用的位置,例如网站。当计算机系统被木马入侵后,黑客就可以通过控制木马任意修改用户计算机的设置、复制文件或直接操纵用户的计算机。

3)电子邮件攻击

这种攻击手段有 3 种攻击方式,一是短时间向用户的电子邮箱发送数以万计的电子邮件,导致用户无法找出有用的邮件,严重时可能会给电子邮件服务器带来危害甚至导致服务器瘫痪;二是在邮件中附带木马或病毒;三是将邮件的发件人及邮箱地址伪装成亲朋、同事等被用户信任的人及其邮箱地址,然后在邮件中询问黑客感兴趣的信息,如银行账号、系统密码等。

4)漏洞入侵

每个操作系统或网络软件的出现都不可能是无缺陷和漏洞的,这就使人们的计算机处于危险的境地,一旦连接入网,将成为众矢之的。黑客通过计算机中存在的漏洞对用户计算机进行攻击,最终达到控制或瘫痪用户计算机的目的。

5)欺骗

这种攻击手段有两种攻击方式,第一种是 WWW 欺骗,黑客通过技术手段将用户正在访问的网页重定向到一个黑客自己建立的网页,其外观与用户希望访问的网页完全相同。当用户输入账号和密码后,实际上发送给了黑客。网上银行常使用密码卡和预留信息来防治这种欺骗,网上银行在登录时会要求用户输入密码卡上的特定信息的组合,每种组合只使用一次,即使被黑客截获也很难被利用,登录成功后,网上银行会显示用户在注册时预留的信息,该信息只有用户和银行知道,如果用户登录后发现预留信息不正确,很有可能就是被黑客欺骗了;第二种是软件界面欺骗,例如有些 QQ 盗号程序用自身替换掉真正的 QQ 程序,用户启动 QQ 后,实际上启动了盗号程序,盗号程序模拟出登录界面,用户提交的账号和密码等信息实际上被盗号程序接收,盗号程序再使用这些信息登录真正的 QQ,并伺机将信息发送给黑客,整个过程很难被用户察觉。

6) 暴力破解

用户密码的长度是有限的，密码中每位可使用的字符也是有限的，所以理论上用户只能从有限个密码中选择一个作为自己的密码，黑客将所有可能的密码尝试一遍，总能破解出真正的密码，但需要消耗大量的时间。

3. 防范黑客的措施

被黑客入侵的计算机系统，轻则丢失数据，重则系统瘫痪、机密资料泄露。面对黑客的威胁，用户必须掌握足够的计算机安全常识，才能做到有效的防范。

（1）保护密码。密码是进入系统的凭证，只要输入正确的密码，系统就会认为是合法的用户并给以授权，所以对密码的保护应放在首位，常用的保护密码的措施包含下面4种。

- 设置高强度的密码

密码的强度是指密码被破译的难度。由于种种原因，用户经常会使用有一定含义的密码。例如，很多用户使用日期作为密码，日期需要8个密码位，如20080808，从有文明记载到今天，所有的日期不超过200万个，以现在主流的多核心CPU的速度不到1分钟就可以暴力破解一遍。如果将密码设置为由大/小写字母、数字以及符号组成，则每位有94种可能，8个密码位就有7千万亿种组合，暴力破解的时间会增加35亿倍。

- 频繁更换密码

新的密码需要黑客重新破解，在一定程度上延长了密码被破译的时间。

- 不重复使用密码

很多用户习惯将同一个密码在不同系统上使用，这样做虽然便于记忆，但如果发生密码泄露，黑客将可以访问用户所有的系统。

- 不透漏、记录密码

不要将密码告诉他人，也不要将密码记录到纸张上或存储到文件里，这样也会造成一定的安全隐患。

（2）及时安装漏洞补丁。在密码足够安全时，还需要消除操作系统本身的漏洞，以免黑客绕过密码验证直接侵入系统。普通用户可以利用软件的Update（自动更新）功能，比如Windows操作系统的Windows Update，该功能可以自动连接微软的更新服务器下载并安装最新的漏洞补丁，解决用户手动下载、安装补丁难度较高的问题。

（3）养成良好的上网习惯。黑客为了将木马植入用户的系统，通常将木马首先附带在一些软件或电子邮件里，诱使用户执行，或者将木马"潜藏"到网站里，等待用户浏览，这就是网友日常所说的某某网站被"挂马"了。所以，用户还需要养成安全使用计算机网络的习惯，不使用来历不明的软件，不登录不知情的网站，不打开陌生人的电子邮件，加强防范意识。

（4）安装网络防火墙。给计算机安装一道防火墙，一旦系统要执行程序，防火墙会提示用户有文件注入注册表或者要连接互联网，用户可以手动选择是否执行操作，对不知情的操作拒绝执行，病毒和木马就无法感染系统，这样黑客就很难入侵。

活动2　防火墙及其作用

1. 什么是防火墙

防火墙的定义：防火墙是设置在不同网络（如可信任的企业内部网络和不可信任的公

共网络）或者网络安全域之间的一系列部件的组合。防火墙是英文 Firewall 的音译，是一个确保安全的设备，它会依照特定的规则，允许或是限制数据进出网络，进而确保信息安全。

防火墙的作用如图 5 – 11 所示，其左端为私有网络，右端为公共网络，防火墙将两个网络隔开，来自公共网络的安全威胁必须穿越防火墙才能影响到私有网络。例如，某公司为了提高办公效率，开发了一套 OA 系统供员工使用，为了杜绝安全隐患，该公司同时购买了一套防火墙安装于 OA 系统和互联网之间，通过设置访问规则，禁止来自互联网的 OA 系统服务请求，即使系统有漏洞，也不会遭受到外界黑客的入侵。

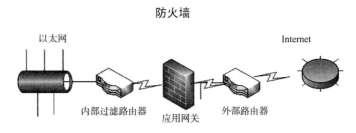

图 5 – 11　网络防火墙作用示意图

按照防火墙的实现方式，可以将防火墙分为软件防火墙、硬件防火墙。如果按照应用可以将防火墙分为个人防火墙和企业防火墙。企业级防火墙又可分为第一代防火墙（静态包过滤）、第二代防火墙（电路层防火墙）、第三代防火墙（应用层防火墙/代理防火墙）、第四代防火墙（动态包过滤）、第五代防火墙（自适应代理），下一代防火墙（智慧防火墙），个人防火墙用来防止用户个人的计算机系统被黑客入侵，多为软件防火墙，安装于用户个人的计算机系统上，具有监控应用程序对网络的使用、暂时切断或接通网络、记录网络使用日志等功能，是保护信息安全不可或缺的一道屏障。

2. 360 安全卫士

360 安全卫士是一款由奇虎 360 公司推出的功能强、效果好、受用户欢迎的安全杀毒软件。360 安全卫士拥有查杀木马、清理插件、修复漏洞、电脑体检、电脑救援、保护隐私、电脑专家、清理垃圾、清理痕迹等多种功能。360 安全卫士独创了"木马防火墙""360 密盘"等功能，依靠抢先侦测和云端鉴别，可全面、智能地拦截各类木马，保护用户的账号、隐私等重要信息。

任务实施

下载、安装和使用 360 安全卫士的具体操作步骤如下。

步骤 1：下载"360 安全卫士"安装程序。

（1）登录 360 安全中心网站（http://www.360.cn），即可下载最新版本的 360 安全卫士 12.0 软件。

（2）单击页面上的 360 安全卫士下载链接，在如图 5 – 12 所示对话框中指定下载的目标位置，然后单击"下载"按钮，

图 5 – 12　下载"360 安全卫士"

将360安全卫士安装程序下载到本地硬盘。

步骤2：安装"360安全卫士"软件。

（1）双击运行下载好的安装包，弹出360安全卫士安装向导，如图5-13所示。这一步建议按照默认设置即可，当然也可以选择其他安装路径，然后单击"立即安装"按钮开始安装，如图5-14所示。

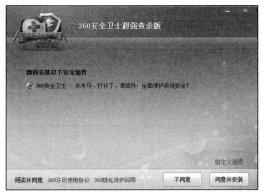

图5-13 "360安全卫士"安装界面

图5-14 "360安全卫士"安装中

（2）安装完成之后，打开360安全卫士主界面，如图5-15所示，在主界面可以查看360安全卫士的电脑体检、木马查杀、电脑清理以及系统设置等功能。

步骤3：对电脑进行体检。体检功能可以全面检查电脑的各项状况。单击主界面上的"立即体检"按钮，电脑体检随即开始，体检过程中会提示体检的进程，如图5-16所示。体检完毕后，会给出一份电脑优化和改善的建议，如图5-17所示，单击"一键修复"按钮即可自动进行修复，如图5-18所示。

图5-15 "360安全卫士"主界面

图5-16 电脑体检中

步骤4：查杀木马。单击主界面中的"查杀修复"按钮，打开如图5-19所示的窗口，选择"快速扫描"功能，对系统内存、启动对象等关键位置进行扫描，速度较快。在扫描过程中，如果发现木马会自动清除，没有发现危险项，会显示扫描结果，如图5-20所示。

步骤5：系统反勒索服务。虽然用户已经安装了杀毒软件，但如果电脑存在容易被黑客利用的"软肋"，就还是会出现经常中毒的情况，比如近年来比较流行的勒索病毒，在360安全卫士主界面上，单击"功能大全"按钮可针对单项病毒进行设置，在打开的如图5-21所示窗口中单击"反勒索服务"功能图标，很快弹出如图5-22所示界面，单击"全部开

图 5-17 体检结果及建议

图 5-18 修复结果信息

图 5-19 木马查杀界面

图 5-20 木马扫描结果

图 5-21 "功能大全"按钮

图 5-22 电脑"反勒索服务"

启"按钮即可对电脑上的文档进行保护。

步骤6：木马防火墙设置。在360安全卫士主界面上，单击"安全防护中心"按钮，打开"安全防护中心"窗口，如图5-23所示，可根据自己的实际应用场景，选择"网页安全防护""看片安全防护""搜索安全防护"等多种模式，每种安全模式各有不同之处。

步骤7：更新、升级。为保证电脑系统的安全性，应该及时升级木马库，因此在"360设置中心"设置为自动升级，如图5-24所示。

项目 5 计算机安全防护

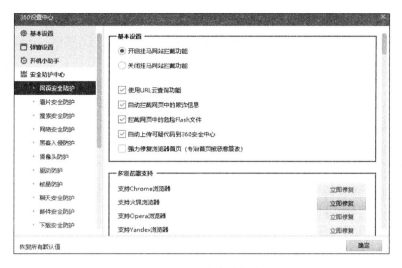

图 5-23 360 安全防护中心

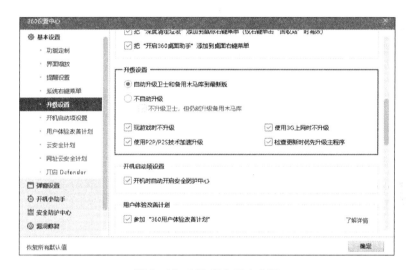

图 5-24 360 安全卫士升级

活动 3　信息安全

1. 什么是信息安全

信息安全是指为数据处理系统而采取的技术上的和管理上的安全保护，保护计算机硬件、软件、数据不因偶然的或恶意的行为而遭到破坏、更改和泄露。这里面既包含了层面的概念——其中计算机硬件可以看作物理层面，软件可以看作运行层面，再就是数据层面，又包含了属性的概念——其中破坏涉及的是可用性，更改涉及的是完整性，泄露涉及的是机密性。网络信息安全的内容主要包含以下内容。

1）硬件安全

硬件安全指网络硬件和存储媒体的安全。要保护这些硬件设施不受损害，能够正常工作。

2）软件安全

计算机及网络各种软件应不被篡改或破坏，不被非法操作或误操作，功能不会失效，不被非法复制。

3）运行服务安全

运行服务安全指网络中的各个信息系统能够正常运行并能正常地通过网络交流信息。通过对网络系统中的各种设备运行状况的监测，发现不安全因素能及时报警并采取措施改变不安全状态，保障网络系统正常运行。

4）数据安全

数据安全即网络中存在及流通数据的安全。要保护网络中的数据不被篡改、非法增删、复制、解密、显示、使用等。它是保障网络安全最根本的目的。

2. 信息安全风险分析

1）计算机病毒的威胁

随着 Internet 技术的发展、企业网络环境的日趋成熟和企业网络应用的增多。病毒感染、传播的能力和途径也由原来的单一、简单变得复杂、隐蔽，尤其是 Internet 环境和企业网络环境为病毒传播、生存提供了环境。

2）黑客攻击

黑客攻击已经成为近年来经常出现的问题。黑客利用计算机系统、网络协议及数据库等方面的漏洞和缺陷，采用后门程序、信息炸弹、拒绝服务、网络监听、密码破解等手段侵入计算机系统，盗窃系统保密信息，进行信息破坏或系统资源占用。

3）信息传递的安全风险

企业与外部单位往往有着广泛的工作联系，许多日常信息、数据都需要通过互联网来传输。网络中传输的这些信息面临着各种安全风险，例如：①被非法用户截取从而泄露企业机密；②被非法篡改，造成数据混乱、信息错误，从而造成工作失误；③非法用户假冒合法身份，发送虚假信息，给正常的生产经营秩序带来混乱，造成破坏和损失。因此，信息传递的安全性日益成为企业信息安全中重要的一环。

4）身份认证和访问控制存在的问题

企业中的信息系统一般供特定范围的用户使用，信息系统中包含的信息和数据也只对一定范围的用户开放，没有得到授权的用户不能访问。为此，各个信息系统中都设计了用户管理功能，在系统中建立用户、设置权限、管理和控制用户对信息系统的访问。这些措施在一定程度上能够加强系统的安全性。但在实际应用中仍然存在一些问题。如部分应用系统的用户权限管理功能过于简单，不能灵活实现更详细的权限控制；各应用系统没有一个统一的用户管理，使用起来非常不方便，不能确保账号的有效管理和安全使用。

3. 信息安全的对策

1）安全技术

为了保障信息的机密性、完整性、可用性和可控性，必须采用相关的技术手段。这些技术手段是信息安全体系中直观的部分，任何一方面的薄弱都可能会产生巨大的安全隐患。因此，应该合理部署、互相联动，使其成为一个有机的整体。具体的技术介绍如下：

（1）加解密技术。在传输过程或存储过程中进行信息数据的加解密，典型的加密体制有对称加密和非对称加密。

（2）VPN 技术。VPN 即虚拟专用网，通过一个公用网络（通常是因特网）建立一个临时的、安全的连接，形成一条穿过混乱的公用网络的安全、稳定的"隧道"。通常 VPN 是对企业内部网的扩展，可以帮助远程用户、公司分支机构、商业伙伴及供应商同公司的内部网建立可信的安全连接，并保证数据的安全传输。

（3）防火墙技术。防火墙在某种意义上可以说是一种访问控制技术，它在内部网络与不安全的外部网络之间设置障碍，防止外界对内部资源的非法访问，以及内部对外部的不安全访问。

（4）入侵检测技术。入侵检测技术 IDS 是防火墙的合理补充，帮助系统防御网络攻击，扩展了系统管理员的安全管理能力，提高了信息安全基础结构的完整性。入侵检测技术从计算机网络系统中的若干关键点收集信息，并进行分析，检查网络中是否有违反安全策略的行为和遭到袭击的迹象。

（5）安全审计技术。包含日志审计和行为审计。日志审计协助管理员在受到攻击后查看网络日志，从而评估网络配置的合理性和安全策略的有效性，追溯、分析安全攻击轨迹，并能为实时防御提供手段。通过对员工或用户的网络行为审计，可确认行为的规范性，确保管理的安全。

2）安全管理

只有建立完善的安全管理制度，将信息安全管理自始至终贯彻落实于信息系统管理的方方面面，企业信息安全才能真正得以实现。具体技术包括以下几个方面：

（1）开展信息安全教育，提高安全意识。员工信息安全意识的高低是一个企业信息安全体系是否能够最终成功实施的决定性因素。据不完全统计，信息安全的威胁来自内部的比例更高（占80%）。在企业中，可以采用多种形式对员工开展信息安全教育，例如可以通过培训、宣传等形式，采用适当的奖惩措施，强化技术人员对信息安全的重视，提升使用人员的安全观念；有针对性地开展安全意识宣传教育，同时对在安全方面存在问题的用户进行提醒并督促改进，逐渐提高用户的安全意识。

（2）建立完善的组织管理体系。完整的企业信息系统安全管理体系首先要建立完善的组织体系，即建立由行政领导、IT 技术主管、信息安全主管、系统用户代表和安全顾问等组成的安全决策机构，完成制订并发布信息安全管理规范和建立信息安全管理组织等工作，从管理层面和执行层面上统一协调项目实施进程。克服实施过程中人为因素的干扰，保障信息安全措施的落实以及信息安全体系自身的不断完善。

（3）及时备份重要数据。在实际的运行环境中，数据备份与恢复是十分重要的。即使从预防、防护、加密、检测等方面加强了安全措施，但也无法保证系统不会出现安全故障，应该对重要数据进行备份，以保障数据的完整性。企业最好采用统一的备份系统和备份软件，将所有需要备份的数据按照备份策略进行增量和完全备份。要有专人负责和专人检查，保障数据备份的严格进行及可靠性、完整性，并定期安排数据恢复测试，检验其可用性，及时调整数据备份和恢复策略。目前，虚拟存储技术已日趋成熟，可在异地安装一套存储设备进行异地备份，不具备该条件的，则必须保证备份介质异地存放，所有的备份介质必须有专人保管。

4. 信息安全方法

从信息安全属性的角度来看，每个信息安全层面具有相应的处置方法。

1）物理安全

物理安全是指对网络与信息系统的物理装备的保护，主要的保护方式有干扰处理、电磁屏蔽、数据校验、冗余和系统备份等。

2）运行安全

运行安全是指对网络与信息系统的运行过程和运行状态的保护，主要的保护方式有防火墙与物理隔离、风险分析与漏洞扫描、应急响应、病毒防治、访问控制、安全审计、入侵检测、源路由过滤、降级使用以及数据备份等。

3）数据安全

数据安全是指对信息在数据收集、处理、存储、检索、传输、交换、显示和扩散等过程中的保护，使得在数据处理层面保障信息依据授权使用，不被非法冒充、窃取、篡改、抵赖，主要的保护方式有加密、认证、非对称密钥、完整性验证、鉴别、数字签名和秘密共享等。

4）内容安全

内容安全是指对信息在网络内流动中的选择性阻断，以保证信息流动的可控能力，主要的处置手段是密文解析或形态解析、流动信息的裁剪、信息的阻断、信息的替换、信息的过滤以及系统的控制等。

5）信息对抗

信息对抗是指在信息的利用过程中，对信息真实性的隐藏与保护，或者攻击与分析，主要的处置手段是消除重要的局部信息、加大信息获取能力以及消除信息的不确定性等。

5. 信息安全的基本要求

1）数据的保密性

由于系统无法确认是否有未经授权的用户截取网络上的数据，因此需要使用一种手段对数据进行保密处理。数据加密就是用来实现这一目标的，加密后的数据能够保证在传输、使用和转换过程中不被第三方非法获取。数据经过加密变换后，将明文变成密文，只有经过授权的合法用户使用自己的密钥，通过解密算法才能将密文还原成明文。数据保密可以说是许多安全措施的基本保证，它分为网络传输保密和数据存储保密。

2）数据的完整性

数据的完整性是数据未经授权不能进行改变的特征，即只有得到允许的人才能修改数据，并且能够判断出数据是否已被修改。存储器中的数据或经网络传输后的数据，必须与其最后一次修改或传输前的内容形式一模一样。其目的就是保证信息系统上的数据处于一种完整和未受损的状态，使数据不会因为存储和传输的过程而被有意或无意的事件所改变、破坏和丢失。系统需要一种方法来确认数据在此过程中没有改变。这种改变可能来源于自然灾害、有意和无意的人的行为。显然，保证数据的完整性仅用一种方法是不够的，应在应用数据加密技术的基础上，综合运用故障应急方案和多种预防性技术，诸如归档、备份、校验、崩溃转储和故障前兆分析等手段实现这一目标。

3)数据的可用性

数据的可用性是可被授权实体访问并按需求使用的特征,即攻击者不能占用所有的资源而阻碍授权者的工作。如果一个合法用户在需要得到系统或网络服务时,系统和网络却不能提供正常的服务,这与文件资料被锁在保险柜里,开关和密码系统混乱而不能取出一样。

> **提示**:在疫情暴发初期,有些企业利用云计算、大数据分析技术开发了疫情排查管理上报系统,能够帮助政府让疫情防控和监测工作进行得更加精准、及时,现在有些病毒程序会伪装成与新冠肺炎疫情有关的"合法信息",而且标题内容会使用一些具有吸引力的字眼,例如"最新武汉在外旅客统计表""最新湖北感染者名单"等。除此之外,少部分网络病毒还可能伪装成与医护人员、医疗物资等有关的信息,如"史上最安全的防疫口罩""某某医院医疗人员的哭诉"等。一旦用户点击之后,伪装在信息后的恶意软件就会迅速入侵浏览者的智能手机或电脑。2020年,个人信息保护法、数据安全法等相关法律也提上制定日程。任何时候,筑牢个人信息保护的防线都是重要课题。

项目 6

前沿信息技术

项目引导

2018 年 9 月 13 日,在第十届天翼智能生态产业高峰论坛上,中国电信董事长杨杰将人工智能、区块链、云计算、大数据、边缘计算、智慧家庭、物联网、5G 技术"串"成了串儿——ABCDEHI5G,称这些技术将成为产业升级的源动力。前沿技术改变了人们的生活方式和工作方式,因此我们应该更加了解新技术、新业态,从而更好地去适应社会的发展。

知识目标

- 了解人工智能
- 了解区块链
- 了解云计算
- 了解大数据
- 了解物联网
- 了解 5G 技术
- 了解新基建
- 了解智慧家庭

任务 6.1 人工智能

1. 什么是人工智能

1950 年,人工智能之父艾伦·图灵定义:如果一台机器能够与人类展开对话,而不能辨别出它是机器,那么称这台机器具有智能。

人工智能(Artificial Intelligence),英文缩写为"AI",它是研究、开发用于模拟、延伸和扩展人的智能的理论、方法、技术及应用系统的一门新的技术科学。

人工智能是研究人类智能活动的规律,构造具有一定智能的人工系统,研究如何让计算机去完成以往需要人的智力才能胜任的工作,也就是研究如何应用计算机的软硬件来模拟人类某些智能行为的基本理论、方法和技术。

人工智能是计算机科学的一个分支,主要研究机器人、语言识别、图像识别、自然语言处理和专家系统等。人工智能是一门极富挑战性的科学,从事这项工作的人必须懂得计算机知识、心理学和哲学等。

2. 人工智能的发展历程

1950 年，图灵来到曼彻斯特大学任教，他同时还担任该大学自动计算机项目的负责人。就在这一年的十月，他发表了一篇题为"机器能思考吗"的论文，成为划时代之作。也正是这篇文章为图灵赢得了一顶桂冠——"人工智能之父"。

1956 年，在达特茅斯学院，科学家们确立了人工智能为研究学科，AI 诞生。

1955—1974 年，人工智能的第一次发展高潮。

1974—1980 年，人工智能的第一次寒冬。

1980—1987 年，人工智能的第二次发展高潮。

1987—1993 年，人工智能的第二次寒冬。

1993 至今，人工智能的第三次发展高潮。

人工智能的主要事件：

- 1950 年，图灵测试诞生。
- 1997 年，IBM 的国际象棋机器人战胜国际象棋世界冠军卡斯帕罗夫。
- 2006 年，深度学习之父，图灵奖获得者 Hinton 提出了深度学习神经网络。
- 2016 年，谷歌 AlphaGo 以 4∶1 的总比分打败韩国职业九段围棋冠军李世石。

3. 人工智能的应用

人工智能的应用已经非常广泛，包括现在常见的手机和 APP，各种智能穿戴设备，还有医疗教育、金融行业、重工制造业等，给社会服务提供了极大的便捷性。

现在，人工智能的应用遍布在人们的生活中，主要有以下 7 个方面的应用。

（1）人脸识别技术。人脸识别技术是基于人的脸部特征信息进行身份识别的一种生物识别技术。人脸识别系统通过提取身份证内的头像信息与现场拍摄到的持证人脸部信息进行对比，快速识别出证件与持证人是否一致，识别率高达 99% 以上。主要应用于门禁、考勤等各种身份识别验证领域。

日常生活中，人证合一刷脸验证系统已经广泛用于高铁站、机场等场所，极大地方便了人们出行，如图 6-1 所示。

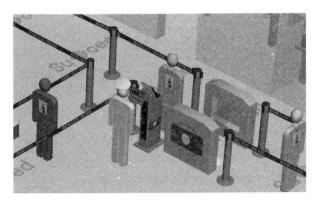

图 6-1　刷脸验证系统

（2）无人驾驶技术。无人驾驶汽车技术发展迅速，顾名思义，无人驾驶是指不需要人的操作，而是利用车载传感器来感知车辆周围环境，并根据感知所获得的道路、车辆位置和障碍物信息，控制车辆的转向和速度，从而使车辆能够安全、可靠地在道路上行驶，如图 6-2 所示。这种汽车称为智能汽车。另外，高铁、地铁、飞机等也可以采用无人驾驶技术，这些驾驶限定在铁路或是航道上。

（3）机器人与智能家居。智能扫地机器人是一种常见的智能家用电器，它能自动在房间内完成地板的清理工作，如图6-3所示。一般来说，将完成清扫、吸尘、擦地工作的机器人，统一称为智能扫地机器人。智能扫地机器人的发展方向，将是采用更加高级的人工智能技术，实现更好的清扫效果、更高的清扫效率、更大的清扫面积。此外，家居系统中还有智能电视、智能门锁、智能空调等产品。

图6-2　无人驾驶示意图

图6-3　智能扫地机器人

（4）智能的个人助理。华为手机的小艺、苹果手机的Siri、三星手机的Bixby、小米的小爱同学等，都是运用语音识别技术执行任务的"个人助理"。其中，小艺是华为推出的面向终端用户的智慧助手，既可以实现语音启动应用及服务，也可以实现多轮对话获取信息发布指令。2019年，华为AI能力再进化，EMUI10小艺从语音助手全面进化为智慧助手，配合智慧视觉HiVision，将手机已有的视觉、听觉、触觉AI能力全面融合，带来全新的智慧交互体验，同时在语音、视觉等基础能力上也持续提升，给用户提供更好的升级体验。

（5）打车服务。打车软件系统有智能检测功能，会自动评估和测距，将打车人的位置发送给车主，车主会在最短的时间赶到其位置。打车软件是一种智能手机应用，乘客可以便捷地通过手机发布打车信息，并立即和抢单司机直接沟通，大大提高了打车效率，对传统打车服务业产生了颠覆性的影响。其中的一个代表是"滴滴打车"，它成功地塑造了人们的出行习惯和出行方式。

（6）电子导航地图。电子导航地图，也称为数字地图，是一套用于GPS设备导航的软件，主要功能包括路径规划和导航。电子导航地图从组成形式上看，由道路、背景、注记和POI组成，当然还可以有很多的特色内容，比如3D路口实景放大图、三维建筑物等，都可以算作电子导航地图的特色部分。从功能表现上来看，电子导航地图需要有定位显示、索引、路径计算、引导的功能。百度地图、高德地图、凯立德、腾讯地图是较为常见的导航地图。导航系统能够智能地分析路况，提醒驾驶员避开堵车，并指引其顺利到达目的地，如图6-4所示。

图6-4　导航地图

（7）智能仓储物流系统。智能仓储物流系统通常是由立体货架、有轨巷道堆垛机、出入库输送系统、信息识别系统、自动控制系统、计算机监控系统、计算机管理系统以及其他辅助设备组成的智能化系统。采用集成化物流理念设计，通过控制、总线、通信和信息技术应用，协调各类设备动作实现自动出入库作业。智能物流仓储系统是智能制造工业

4.0快速发展的一个重要组成部分，它具有节约用地、减轻劳动强度、避免货物损坏或遗失、消除差错、提供仓储自动化水平及管理水平、提高管理和操作人员素质、降低储运损耗、有效地减少流动资金的积压、提供物流效率等诸多优点。京东智能物流仓储系统是其中的一个代表，在用户下单之后，系统能够自动分发货物，将货物分送给仓储中心相应的区域，大大提高了物流的速度，如图6-5所示。

图6-5　京东智能仓储物流系统

4. 人工智能未来的发展前景

根据中国电子学会的统计：2018年全年，全球人工智能核心产业市场规模超过555.7亿美元，相较于2017年同比增长50.2%。数据显示，全球人工智能的发展呈现三足鼎立之势，主要集中在美国、欧洲、中国。中国在人工智能领域的投融资占全球的60%，人工智能行业的企业总数达670家，占全球的11.2%。我国是全球人工智能专利布局最多的国家之一。

未来，人工智能将成为新一轮产业变革的核心驱动力，将持续探索新一代人工智能应用场景，将重构生产、分配、交换、消费等经济活动各环节，必将催生出更多的新技术、新产品、新产业。

任务6.2　区块链

1. 什么是区块链

区块链（Blockchain）是分布式数据存储、点对点传输、共识机制、加密算法等计算机技术的新型应用模式。狭义来讲，区块链是一种按照时间顺序，将数据区块以顺序相连的方式组合成的一种链式数据结构，并以密码学方式保证其不可篡改和不可伪造的分布式账本。广义来讲，区块链技术是利用块链式数据结构来验证与存储数据、利用分布式节点共识算法来生成和更新数据、利用密码学的方式保证数据传输和访问的安全、利用由自动化脚本代码组成的智能合约来编程和操作数据的一种全新的分布式基础架构与计算方式。

比特币是区块链的一个具体应用。区块链本质上是一个去中心化的数据库，同时作为比特币的底层技术，是一串使用密码学方法相关联产生的数据块，每一个数据块中包含了一批次比特币网络交易的信息，用于验证其信息的有效性（防伪）和生成下一个区块。比特币的交易过程如图6-6所示。

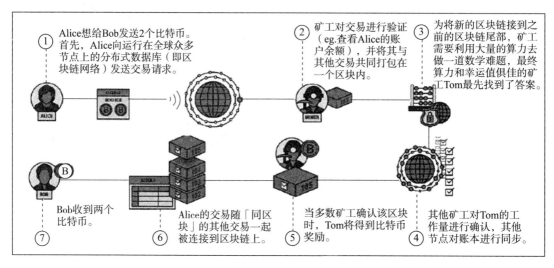

图 6-6 比特币的交易过程

2. 区块链的发展阶段

区块链技术的发展大致经历了三个阶段，一是支持比特币等数字货币的区块链 1.0 阶段；二是用智能合约实现对数字货币外多应用场景支持的区块链 2.0 阶段；三是"区块链+"的 3.0 阶段。区块链能够提高规模大、分散性强、敏感性高的数据的处理效率。因此，区块链技术得到政府、监管机关及市场机构的重视，并投入大量资源对区块链技术及其应用进行深入研究。2019 年 1 月 10 日，国家互联网信息办公室发布《区块链信息服务管理规定》，自 2019 年 2 月 15 日起施行。

3. 区块链的典型应用领域

区块链的典型应用领域主要有以下 4 个方面。

（1）医疗保健行业。基于区块链的患者识别系统可以避免健康记录与患者错配的问题。医疗行业通常是数据泄露问题较多的行业，其数据包括患者、医生和医疗记录等敏感信息。去中心化系统可保护数据免受本地节点的攻击。基于区块链的系统还将使医院和患者之间的数据共享更安全更快捷。

（2）保险行业。据调查，世界范围内有超过半数的保险公司高层，已经认识到了区块链技术对于保险行业的重要性。微软、IBM、甲骨文、阿里巴巴、腾讯等 IT 巨头企业已经开始在区块链领域布局，有些甚至已推出基于区块链技术的产品或服务。目前区块链在国内外保险行业中主要应用于航延险、失业保险、互助保险、航运保险等。

（3）电信行业。由国内三大通信运营商中国电信、中国移动、中国联通联合主导发布的全球首个区块链电信行业应用白皮书《区块链电信行业应用白皮书（1.0 版）》详细调研了区块链在电信行业的应用前景和发展现状，提出了典型应用场景，分别是电信设备管理、动态频谱管理与共享、数字身份认证、数据流通与共享、物联网应用、云网融合应用、多接入边缘计算（MEC）等，为通信行业发展区块链业务提供了指引。区块链的引入将给电信业带来新的增长机会，并使电信行业更加安全和透明。

(4) 网络安全。区块链系统本身具有安全体系，可以用于网络安全领域，具有广阔应用前景，尤其是在身份认证、访问控制、数据保护方面可发挥重要作用。

4. 区块链的发展前景

根据 Gartner（顾能公司）的预测，到2025年，区块链技术的市场价值将达到1 760亿美元的规模，到2030年将达到3.1万亿美元的规模。区块链技术被其列为未来5~10年具有变革性影响的科技。

任务6.3　云计算

1. 什么是云计算

云计算（Cloud Computing）是分布式计算的一种，指的是通过网络"云"将巨大的数据计算处理程序分解成无数个小程序，然后通过多台服务器组成的系统处理和分析这些小程序，得到结果并返回给用户。通过这项技术，网络服务提供者可以在数秒之内处理数以千万计甚至亿计的信息，达到和"超级计算机"同样强大效能的网络服务。

云计算是一种资源交付和使用模式，指通过云获得应用所需的计算资源（硬件、平台、软件），如图6-7所示。在计算机网络拓扑

图6-7　云计算

图中，互联网通常被表达成"云"的形状，也就是说"云"是指互联网。"云"中的计算资源在使用者看来是可以无限扩展的，并且可以随时获取。

2. 云计算的发展历程

1956年，Christopher Strachey发表了一篇有关于虚拟化的论文，正式提出虚拟化的概念。虚拟化是云计算基础架构的核心，是云计算发展的基础。

2006年8月9日，Google首席执行官埃里克·施密特（Eric Schmidt）在搜索引擎大会（SESSanJose 2006）首次提出"云计算"（Cloud Computing）的概念。这是云计算发展史上第一次正式地提出这一概念。

2007年以来，"云计算"成了计算机领域重要的研究方向。互联网技术和IT服务出现了新的模式，引发了一场变革。

2008年，微软发布其公共云计算平台（Windows Azure Platform）。国内外许多大型网络公司纷纷加入云计算的阵列。

2009年1月，阿里软件在江苏南京建立首个"电子商务云计算中心"。同年11月，中

国移动云计算平台"大云"计划启动。到现阶段,云计算已经发展到较为成熟的阶段。

2019年10月,国务院发展研究中心国际技术经济研究所主办了"中国智能化转型与技术创新高层研讨会",正式对外发布《中国云计算产业发展白皮书》。

全球数字经济蓬勃发展,云计算作为数字经济基础设施被赋予新的使命。云计算不仅仅是实现IT资源池化、提升性能、降低成本和简化管理的工具,更重要的是为产业数字化转型提供丰富的服务。世界主要国家已充分认识到云计算的基础作用,纷纷加大对云计算产业的扶持力度,出台一系列政策措施和规划推动本国云产业发展,进而驱动数字经济持续发展。

2008年全球金融危机爆发,美国政府开始正视经济过度依赖服务业等第三产业所带来的后果,重新重视制造业,并出台了一系列措施。美国政府推动制造业企业将云计算、大数据和传感控制等技术应用于大量制造场景中,从而促进制造业的数字化转型。

在德国制造业转型升级的过程中,云计算起到了至关重要的作用,赋能新型制造系统改变既有生产方式,大幅提升了德国制造业的生产效率,从而带动德国制造业价值链升级。

在中国,在政府、产业的双重推动下,云计算技术得到迅速推广。中国信息通信研究院、IDC等研究机构发布的数据显示,2018年中国云计算产业规模达到962.8亿元人民币。从区域角度来看,华北、华东、华南是中国云计算产业发展的主导区域。主要是因为这些区域集中了中国主要的互联网企业和金融、消费品、制造等行业用户,其中,华北地区份额最高,占23.1%。从行业角度来看,中国云计算的主要用户集中在互联网、交通、物流、金融、电信、政府等领域。近年来,各行业的数据量激增,更多领域开始利用云计算技术挖掘数据价值。值得留意的一个现象是,尽管互联网行业仍然是云计算产业的主流应用行业,但是交通物流、金融、制造、政府等行业、领域的云计算应用水平正在快速提高,占据更重要的市场地位。如果我们将之前以互联网应用推动的云称为云1.0,那么现在传统政企市场推动的云则迈向了2.0阶段。

从产业结构来看,云计算产业链可以分为:上游核心硬件(芯片:CPU、闪存、内存)、中游IT基础设备(服务器、存储设备、网络设备等)、下游云生态(基础平台、云原生应用等)三部分。基于这样的分类,中国云计算产业链基本情况如下。

(1)上游核心硬件方面,在云计算领域,芯片产业仍是重中之重,处于云计算产业的上游位置,芯片的研发力直接影响着云计算产业的发展水平。而限于我国芯片产业整体发展较为薄弱的境况,我国云计算产业上游芯片的自主研发能力与发达国家相比仍有一定差距。这里的芯片包括服务器芯片和存储芯片。我国服务器芯片自主研发主要有以下几种方向:Alpha架构、ARM架构、MIPS架构、X86架构、Power架构,涌现出基于MIPS的龙芯、基于X86的兆芯、基于ARM的天津飞腾和华为鲲鹏920以及基于Alpha架构的成都申威等。基于精简指令集(RISC)原则的开源指令集架构RISC-V也获得众多国内科技公司的关注。中国厂商在高端存储芯片领域缺少核心技术,需与国外合作。目前,紫光国芯、武汉新芯等企业已经或正在建设存储芯片工厂,进行存储芯片领域的自主研发。紫光国芯业务涉及存储芯片的设计、生产、测试以及方案构建,主要专注于12英寸DRAM存储芯片的研发。福建晋华是国内较早开展存储芯片研发的企业,在福建、上海等地建有存储芯片工厂。

(2)中游IT基础设备方面,国内服务器和存储厂商大力投入研发资源,进行自主可控技术研发。以服务器领域为例,多家市场机构的研究结果显示,当前,除核心芯片之外,我国服务器零部件国产化率已经超过 60%，这些产品的应用，带动了国内相关市场的发展，使得国内相关厂商在中国服务器和存储市场占据重要地位。

（3）下游云生态方面，国内主要云服务提供商正通过自主研发在云生态系统建设方面不断努力。我国各行业应用绝大多数是基于 Windows 和 X86 架构运行的，这些商用技术一旦被限制，会给各行业应用系统运行带来巨大风险。因此，构建开放的云生态，就成为我国云计算产业最重要、最长远的发展任务。起步比较早的是基于 ARM 架构开放性授权机制的生态圈建设，华为、天津飞腾等都已经在 ARM 指令集的发展中做出了贡献。随着华为、天津飞腾等国内厂商市场占有率的提高，对 ARM 指令集发展的话语权将逐步增大，有利于通过市场实现对上层生态的影响力。

3. 云计算的应用领域

1）存储云

存储云，又称云存储，是在云计算技术上发展起来的一个新的存储技术。云存储是一个以数据存储和管理为核心的云计算系统。用户可以将本地的资源上传至云端上，可以在任何地方连入互联网来获取云上的资源，如图 6-8 所示。在国外，谷歌、微软等大型网络公司均有云存储的服务。在国内，百度云和微云则是市场占有量最大的存储云。存储云向用户提供了存储容器服务、备份服务、归档服务和记录管理服务等，大大方便了使用者对资源的管理。

2）医疗云

医疗云，是指在云计算、移动技术、多媒体、4G 通信、大数据、以及物联网等新技术基础上，结合医疗

图 6-8 存储云

技术，使用"云计算"来创建医疗健康服务云平台，实现了医疗资源的共享和医疗范围的扩大。因为云计算技术的运用与结合，医疗云提高了医疗机构的效率，方便居民就医。像现在医院的预约挂号、电子病历、医保等都是云计算与医疗领域结合的产物，医疗云还具有数据安全、信息共享、动态扩展、布局全国的优势。

3）金融云

金融云，是指利用云计算的模型，将信息、金融和服务等功能分散到庞大分支机构构成的互联网"云"中，旨在为银行、保险和基金等金融机构提供互联网处理和运行服务，同时共享互联网资源，从而解决现有问题并且达到高效、低成本的目标。在 2013 年 11 月 27 日，阿里云整合阿里巴巴旗下资源并推出阿里金融云服务。其实，这就是现在基本普及了的快捷支付，由于金融与云计算的结合，现在只需要在手机上简单操作，就可以完成银行存款、购买保险和基金买卖等金融业务。现在，不仅阿里巴巴推出了金融云服务，苏宁金融、腾讯、京东等企业均推出了自己的金融云服务。

4）教育云

教育云，实质上是指教育资源与云计算技术的一种结合。教育云可以将所需要的任何教育硬件资源虚拟化，然后将其传入互联网中，以向教育机构和学生老师提供一个方便快捷的

平台。现在流行的慕课 MOOC 就是教育云的一种应用。MOOC 指的是大规模开放的在线课程。国外 MOOC 的三大优秀平台为 Coursera、edX 以及 Udacity。在国内，中国大学 MOOC 也是非常好的平台。在 2013 年 10 月，清华大学推出了 MOOC 平台——学堂在线，许多大学现已使用学堂在线开设了一些在线课程。

4. 云计算的发展前景

全球云计算市场在快速平稳增长。2019 年，全球云计算服务市场规模超 3 000 亿美元，达到 3 556 亿美元，增长 16.4%。云计算产业目前仍处于快速发展阶段，从全球来看，预计 2020 年全球云计算服务市场规模将超 4 000 亿美元。

据前瞻产业研究院发布的《中国云计算产业发展前景与投资战略规划分析报告》统计数据显示，2015 年，中国云计算行业市场规模已达 378.1 亿元，并呈现逐年快速增长态势。截至 2017 年，中国云计算行业市场规模增长至 691.6 亿元，同比增长 34.3%，增速快于全球水平。前瞻产业研究院对 2015—2021 年中国云计算行业市场规模统计及增长情况进行了预测，如图 6-9 所示，到 2021 年，中国云计算行业市场规模预计将增长至 1 858 亿元左右。可见，从全球范围来看，中国云计算行业发展较快，未来发展空间较大。

图 6-9 2015—2021 年中国云计算行业市场规模统计及增长情况预测

任务 6.4 大 数 据

1. 什么是大数据

大数据（Big Data）是指无法在一定时间范围内，用常规软件工具进行捕捉、管理和处理的数据集合，是需要新处理模式才能具有更强的决策力、洞察发现力和流程优化能力的海量、高增长率和多样化的信息资产。

大数据是信息化发展到一定阶段的产物。随着信息技术与人类生产生活的深度融合，互联网快速普及，全球数据呈现爆发增长、海量集聚的特点，对经济发展、社会进步、国家治理、人民生活都产生了重大影响。

大数据技术的战略意义不在于掌握庞大的数据信息，而在于对这些有意义的数据进行专业化处理。换言之，如果把大数据比作一种产业，那么这种产业实现盈利的关键，在于提高对数据的"加工能力"，通过"加工"实现数据的"增值"。

从技术上看，大数据与云计算的关系就像一枚硬币的正反面一样密不可分。大数据必然无法用单台的计算机进行处理，必须采用分布式架构对海量数据进行数据挖掘。大数据依托云计算的分布式处理、分布式数据库、云存储和虚拟化技术。

2. 大数据的发展历程

（1）20世纪末是大数据的萌芽期，处于数据挖掘技术阶段。随着数据挖掘理论和数据库技术的成熟，一些商业智能工具和知识管理技术开始被应用。

（2）2003—2006年是大数据发展的突破期，社交网络的流行导致大量非结构化数据出现，传统处理方法难以应对，数据处理系统、数据库架构开始被重新思考和设计。

（3）2006—2009年，大数据形成并行计算和分布式系统，为大数据发展的成熟期。

（4）2010年以来，随着智能手机的应用，数据碎片化、分布式、流媒体特征更加明显，移动数据急剧增长。

（5）2011年，麦肯锡全球研究院发布《大数据：下一个创新、竞争和生产力的前沿》。2012年，维克托·舍恩伯格《大数据时代：生活、工作与思维的大变革》宣传推广，大数据概念开始风靡全球。2012年4月19日，美国软件公司Splunk在纳斯达克成功上市，成为第一家上市的大数据处埋公司。

（6）2013年5月，麦肯锡全球研究所发布了一份名为《颠覆性技术：技术改进生活、商业和全球经济》的研究报告，报告确认了未来12种新兴技术，而大数据被喻为基石。

（7）2014年5月，美国白宫发布了2014年全球"大数据"白皮书的研究报告《大数据：抓住机遇，守护价值》，报告鼓励使用数据推动社会进步。

2014年，"大数据"首次出现在中国的《政府工作报告》中。《报告》中指出，要设立新兴产业创业创新平台，在大数据等方面赶超先进，引领未来产业发展。"大数据"旋即成为国内热议词汇。

（8）2015年，国务院正式印发《促进大数据发展行动纲要》，明确推动大数据发展和应用，在未来5~10年打造精准治理、多方协作的社会治理新模式，建立运行平稳、安全、高效的经济运行新机制，构建以人为本、惠及全民的民生服务新体系，开启大众创业、万众创新的创新驱动新格局，培育高端智能、新兴繁荣的产业发展新生态。这标志着大数据正式上升为国家战略。

（9）2017年1月，工信部发布了《大数据产业发展规划2016—2020年》，进一步明确了促进我国大数据产业发展的主要任务、重大工程和保障措施。《规划》以强化大数据产业创新发展能力为核心，明确了强化大数据技术产品研发、深化工业大数据创新应用、促进行业大数据应用发展、加快大数据产业主体培育、推进大数据标准体系建设、完善大数据产业支撑体系、提升大数据安全保障能力等7项任务，提出大数据关键技术及产品研发与产业化工程、大数据服务能力提升工程等8项重点工程，研究制定了推进体制机制创新、健全相关政策法规制度、加大政策扶持力度、建设多层次人才队伍、推动国际化发展等5项保障措施。

3. 大数据应用领域及未来发展前景

1）电商行业

电商行业是最早利用大数据进行精准营销的行业之一，它根据客户的消费习惯提前生产资料、进行物流管理等，有利于精细社会大生产。由于电商的数据较为集中，数据量足够大，数据种类较多，未来电商数据应用将会有更多的想象空间，包括预测流行趋势、消费趋势、地域消费特点、客户消费习惯、各种消费行为的相关度、消费热点、影响消费的重要因素等。

2）金融行业

大数据在金融行业的应用范围是比较广的，它更多地应用于交易场景，现在很多股权的交易都是利用大数据算法进行，这些算法现在越来越多地考虑了社交媒体和网站新闻来决定在未来几秒内是买入还是卖出。

3）医疗行业

医疗机构无论是从病理报告、治愈方案还是药物报告等方面看都是数据比较庞大的行业，未来，我们可以借助大数据平台收集病例和治疗方案，以及病人的基本特征，可以建立针对疾病特点的数据库。

4）农牧渔

大数据应用到农牧渔领域，可以帮助降低菜贱伤农的概率，精准预测天气变化，帮助农民做好自然灾害的预防工作，也能够提高单位种植面积的高产出；牧农可以根据大数据分析安排放牧范围，有效利用农场，减少动物流失；渔民可以利用大数据安排休渔期、定位捕鱼等，同时，也能减少人员损伤。

5）生物技术

基因技术是人类未来挑战疾病的重要武器，科学家可以借助大数据技术的应用，加快自身基因和其他动物基因的研究过程，这将是人类未来战胜疾病的重要武器之一，未来生物基因技术不但能够改良农作物，还能利用基因技术培养人类器官和消灭害虫等。

6）城市交通

大数据还被应用于改善我们日常生活的城市的交通状况。例如基于城市实时交通信息、利用社交网络和天气数据来优化最新的交通情况。目前很多城市都在进行大数据的分析和试点。

7）安全和执法

大数据现在已经被广泛应用到安全执法的过程当中。美国安全局利用大数据进行恐怖主义打击，而企业则应用大数据技术进行网络攻击防御。警察应用大数据工具进行罪犯捕捉，信用卡公司应用大数据工具来监测欺诈性交易。

8）传统领域

大数据帮助农民根据环境气候和土壤作物状况进行超精细化耕作；在工业生产领域，利用大数据可以全盘把握供需平衡，挖掘创新的增长点；在交通领域，利用大数据可以实现智能辅助乃至无人驾驶,堵车与事故将成为历史;大数据技术协助能源产业实现精确预测及产量的实时调控。

9)民生领域

个人的生活数据将被实时采集上传,饮食、健康、出行、家居、医疗、购物、社交,大数据服务将被广泛运用并对用户生活质量产生革命性的提升,一切服务都将以个性化的方式为每一个"你"量身定制,为每一个行为提供基于历史数据与实时动态所产生的智能决策。

任务6.5 物联网

1. 什么是物联网

物联网(Internet of Things, IoT)即"万物相连的互联网",是互联网基础上延伸和扩展的网络,是将各种信息传感设备与互联网结合起来而形成的一个巨大网络,是实现在任何时间、任何地点,人、机、物的互联互通,如图6-10所示。

物联网又称为泛互联,意思是物物相连、万物万联。物联网就是物物相连的互联网。这有两层意思,一是物联网的核心和基础仍然是互联网,是基于互联网的再延伸和再扩展的网络;二是其用户端延伸和扩展到了任何物品,相互之间能够进行信息交换和通信。

图6-10 物联网

2. 物联网的发展历程

1995年,比尔·盖茨在《未来之路》中提及了物联网的概念,但受限于无线网络、硬件及传感设备的发展,并未引起人们的重视。

2005年11月17日,在突尼斯举行的信息社会世界峰会上,国际电信联盟(ITU)发布了《ITU互联网报告2005:物联网》。报告指出,无所不在的"物联网"通信时代即将来临,世界上所有的物体从轮胎到牙刷、从房屋到纸巾都可以通过互联网主动进行交换。射频识别技术(RFID)、传感器技术、纳米技术、智能嵌入技术将得到更加广泛的应用。

2008年11月,在北京大学举行了第二届中国移动政务研讨会——知识社会与创新2.0。会上提出,移动技术、物联网技术的发展代表着新一代信息技术的形成,并带动了经济社会形态、创新形态的变革,推动了面向知识社会的以用户体验为核心的下一代创新(创新2.0)形态的形成,创新与发展更加关注用户、注重以人为本。而创新2.0形态的形成又进一步推动了新一代信息技术的健康发展。

2009年2月24日,IBM大中华区首席执行官钱大群公布了名为"智慧的地球"的最新策略。钱大群表示，针对中国经济的状况，中国的基础设施建设空间广阔，而且中国政府正在以巨大的控制能力、实施决心和配套资金对必要的基础设施进行大规模建设，"智慧的地球"这一战略将会产生更大的价值。

2009年8月，温家宝总理在视察中科院无锡物联网产业研究所时，对于物联网应用也提出了一些看法和要求。自温总理提出"感知中国"以来，物联网被正式列为国家五大新兴战略性产业之一，写入《政府工作报告》，物联网在中国受到了全社会极大的关注，其受关注程度是在美国、欧盟以及其他各国不可比拟的。

物联网的概念已经是一个"中国制造"的概念，它的覆盖范围与时俱进，已经超越了2005年ITU报告所指的范围，物联网已被贴上"中国式"标签。物联网在"十二五"规划中被列为七大战略新兴产业之一。

2013年，谷歌眼镜（GoogleGlass）发布，这是物联网和可穿戴技术的革命性进步。

2014年，亚马逊发布了Echo智能扬声器，为进军智能家居中心市场铺平了道路。

2016年，通用汽车、特斯拉和Uber进行了自动驾驶汽车测试。

2017—2019年，物联网开发变得更便宜、更容易、也更被广泛接受，从而导致整个行业掀起一股创新浪潮。自动驾驶汽车不断改进，区块链和人工智能开始融入物联网平台。

物联网的关键技术包括RFID技术、传感技术、无线网络技术、人工智能和云计算技术。

（1）RFID技术是物联网中让物品"开口说话"的关键技术，RFID标签上存储着规范而具有互用性的信息，通过无线数据通信网络自动采集到中央信息系统，实现物品的识别。

（2）传感技术主要负责接收物品"讲话"的内容。传感技术是一种从自然信源获取信息，并对之进行处理、变换和识别的多学科交叉的现代科学与工程技术。

（3）无线网络技术为物联网中物品与人的无障碍交流提供数据传输媒介。无线网络既包括远距离无线连接的全球语音和数据网络，也包括近距离的蓝牙技术和红外技术。

（4）人工智能技术主要负责将物品"讲话"的内容进行分析，从而实现计算机自动处理。

（5）云计算平台是物联网的"大脑"。物联网中，终端的计算和存储能力有限，需要云计算平台实现对海量数据的存储与计算。

3. 物联网的应用领域

《2018物联网行业应用研究报告》整理了物联网产业的发展和应用情况，其中涉及的应用领域有物流、交通、安防、能源、医疗、建筑、制造、家居、零售和农业。

（1）智慧交通。物联网与交通的结合主要体现在人、车、路的紧密结合上，使得交通环境得到改善，交通安全得到保障，资源利用率在一定程度上也得到提高。典型应用包括智能公交车、共享单车、车联网、充电桩监测、智能红绿灯、智慧停车等。

（2）智慧物流。物联网主要用于仓储、运输监测、快递终端上。结合物联网技术，可以监测货物的温湿度和运输车辆的位置、状态、油耗、速度等。从运输效率来看，物流行业的智能化水平得到了提高。

（3）智能安防。智能安防可以利用设备减少对人员的依赖，其典型应用是智能安防系统，主要功能包括门禁、报警、监控等。

(4)能源环保。物联网技术广泛应用于水能、电能、燃气、路灯、井盖、垃圾桶这类环保装置。比如,智慧井盖可以监测水位,智能水电表可以远程获取读数。将水、电、光能设备联网,可以提高利用率,减少不必要的损耗。

(5)智慧医疗。可穿戴设备通过传感器可以监测人的心跳频率、体力消耗、血压高低。利用RFID技术可以监控医疗设备、医疗用品,实现医院的可视化、数字化。

(6)智能建筑。智慧建筑可以节约能源,同时减少运维的人员成本,主要包括用电照明、消防监测、智慧电梯、楼宇监测等应用。

(7)无人零售。零售与物联网的结合体现在无人便利店和自动售货机。智能零售将售货机、便利店进行数字化处理,形成无人零售的模式。

(8)家居。在智能家居行业,利用物联网技术可以监测家居产品的位置、状态、变化,进行分析反馈。

(9)智能制造。物联网与制造的结合,主要见于数字化、智能化的工厂,常见的应用有机械设备监控和环境监控。

(10)智慧农业。在农业种植方面,利用传感器、摄像头、卫星来促进农作物和机械装备的数字化发展。温湿度传感器能准确感知周围环境的温度和湿度情况,可用手机APP随时观察。在畜牧养殖方面,通过耳标、可穿戴设备、摄像头来收集数据,然后分析并使用算法判断畜禽的状况,精准管理畜禽的健康、喂养、位置等信息。

4. 物联网的发展趋势

"十三五"时期是我国实现物联网"跨界融合、集成创新和规模化发展"的新阶段。工业和信息化部的统计数据显示,2015年,中国物联网产业规模已超过7 500亿,"十二五"期间年复合增长率达到25%,公众网络机器到机器(M2M)连接数突破1亿,已成为全球最大市场,占比高达31%。

伴随着物联网技术、终端和应用的跨越式发展,巨大的市场空间与经济效益进一步展现。物联网正在推动着一场万物互联时代的新浪潮。物联网发展所需的存储、传感和通信技术越来越便宜,物联网应用将得到更加快速的发展。换句话说,物联网技术的进步直接带动各项科技成本的快速下降,将使物联网大范围应用成为必然。据预测,到2035年,中国的物联网终端数量将达到数千亿个。可见,我国物联网的发展前景十分广阔。

任务6.6 5G技术

1. 什么是5G技术

5G是第五代移动通信技术的简称,是最新一代蜂窝移动通信技术,也是继2G、3G和4G系统之后的延伸,5G的性能目标是高数据速率、减少延迟、节省能源、降低成本、提高系统容量和大规模设备连接,5G网络的峰值理论传输速度可达每8秒1 GB,比4G网络的传输速度快数百倍。

举例来说,在5G网络中,一部1 GB的电影可以在8秒之内下载完成。随着5G技术的诞生,用智能终端分享3D电影、游戏以及超高画质(UHD)节目的时代正在来临。5G网络的主要目标是让终端用户始终处于联网状态。5G 网络将来支持的设备远远不止是智能手机，它还要支持智能手表、健身腕带、智能家庭设备等。

2. 5G 技术的发展历程

2013 年 2 月，欧盟宣布，将拨款 5 000 万欧元，加快 5G 移动技术的发展。

2017 年 2 月 9 日，国际通信标准组织 3GPP 宣布了 5G 的官方 LOGO。

2017 年 11 月 15 日，工信部发布《关于第五代移动通信系统使用 3 300 ~ 3 600 MHz 和 4 800 ~ 5 000 MHz 频段相关事宜的通知》。

2018 年 2 月 23 日，沃达丰和华为宣布，在西班牙合作采用非独立的 3GPP 5G 新无线标准和 Sub6GHz 频段完成了全球首个 5G 通话测试。

2018 年 2 月 27 日，华为在 MWC 2018 大展上发布首款 3GPP 标准 5G 商用芯片巴龙 5G01 和 5G 商用终端，支持全球主流 5G 频段，理论上可实现最高 2.3Gbps 的数据下载速率。

2018 年 6 月 13 日，3GPP5GNR 标准 SA（Standalone，独立组网）方案在 3GPP 第 80 次 TSGRAN 全会正式完成并发布，这标志着首个真正完整意义的国际 5G 标准正式出炉。

2018 年 11 月 21 日，重庆首个 5G 连续覆盖试验区建设完成，5G 远程驾驶、5G 无人机、虚拟现实等多项 5G 应用同时亮相。

2018 年 12 月 1 日，韩国三大运营商推出 5G 服务，这也是新一代移动通信服务在全球首次实现商用。

2018 年 12 月 10 日，工信部正式对外公布，已向中国电信、中国移动、中国联通发放 5G 系统中低频段试验频率使用许可。

2019 年 6 月 6 日，工信部正式向中国电信、中国移动、中国联通、中国广电发放 5G 商用牌照，中国正式进入 5G 商用元年。

3. 5G 的主要应用领域

5G 网络具有大带宽、低时延、高可靠、广覆盖等特性，结合人工智能、移动边缘计算、端到端网络切片、无人机等技术，在 VR/AR、超高清视频、车联网、无人机及智能制造、电力、医疗、智慧城市等领域有着广阔应用前景，5G 与垂直行业融合应用，必将带来个人用户及行业客户体验的巨大变革。下面通过具体应用场景来介绍 5G 的主要应用领域。

1）车联网与自动驾驶

车联网技术正在逐步进入自动驾驶时代。根据中国、美国、日本等国家的汽车发展规划，依托传输速率更高、时延更低的 5G 网络，2025 年将全面实现自动驾驶汽车的量产，市场规模达到 1 万亿美元。

2）外科手术

2019 年 1 月 19 日，中国一名外科医生利用 5G 技术，实施了全球首例远程外科手术。这名医生在福建省利用 5G 网络，操控 48 公里以外的机械臂进行手术。在手术中，外科医生通过 5G 网络切除了一只实验动物的肝脏，其网络延时只有 0.1 秒。5G 网络的速度和较低的延时性首次满足了远程呈现甚至远程手术的要求。

3）智能电网

河南高压变电站 5G 测试站：在国网河南省电力公司与河南移动的密切配合下，国内首个 500 千伏级以上高压/特高压变电站 5G 测试站在郑州官渡变电站建成投入使用，通过 5G 网络成功实现了变电站与省电力公司的远程高清视频交互。

广东 5G 智慧电网试点：在广州举行的中国移动全球合作伙伴大会开幕日上，广东移动与南方电网、中国信息通信研究院、华为共同启动了面向商用的 5G 智慧电网试点。目前，已开展的智慧电网探索包括分布式配网差动保护、应急通信、配网计量、在线监测等方面。

4）网联无人机

在上海虹口北外滩，成功实现了一场基于 5G 网络传输，无人机全景 4K 高清视频的现场直播。杭州余杭未来研创园已实现无人机利用 5G 网络将摄像头识别的画面传输到后台监控平台规划路径，并依靠 5G 实时视觉识别来确认投放点，完成物流配送。

5G 网联无人机将使无人机群协同作业和 7×24 小时不间断工作成为可能，在农药喷洒、森林防火、大气取样、地理测绘、环境监测、电力巡检、交通巡查、物流运输、演艺直播、消费娱乐等各种行业及个人服务领域获得巨大发展空间。

5）智能工厂

5G 三维扫描建模检测系统：浙江移动通过与杭汽轮集团合作，建立了 5G 三维扫描建模检测系统。该系统使得检测时间从 2~3 天降低到 3~5 分钟，在实现产品全量检测的基础上还建立了质量信息数据库，便于后期对质量问题分析追溯。

5G 航天云网接入试验：贵阳市 5G 实验网综合应用示范项目已完成 5G 创新实验室对航天云网的平台接入，通过 5G 网络将海量工业设备信息以超低时延实时上传到云端，实现对整个生产制造过程及设备状态情况进行实时监测。

大众 5G 微缩汽车流水线：德国大众公司展示了一条基于 5G 技术的微缩汽车组装流水线。与现有的随机监测相比，这种生产方式的准确性和可靠性大幅提升。

6）个人 AI 设备

导盲头盔：华为 META 通过云端智能控制终端 DATA 实现头盔与云端平台之间的连接，可为视力障碍人群提供人脸识别、物体识别、路径规划、避障等服务。

虚拟键盘：NEC 公司推出利用新型增强现实（AR）技术的 ARmKeypad，允许用户借助头戴式眼镜设备和手上佩戴的智能手表来使用虚拟键盘。

智能手表：Apple、华为等主流智能手表厂商纷纷瞄准 5G，积极集成各类 5G 应用如 AR、AI 监护等到新智能手表产品中。

7）智慧园区

杭州新天地 5G 智慧园区：2019 年 3 月 21 日，"创见·未来杭州新天地 5G 战略合作签约仪式"在杭州新天地举行，宣告浙江首个华为—联通 5G 智慧园区正式落户。

河南 5G 智慧物流园区：2019 年 4 月 7 日，传化智联携手中国电信、华为科技、河南省工业和信息化厅签订战略合作协议，推动河南首个 5G 智慧物流园区——传化物流小镇 5G 智慧物流园区建设，预计 2021 年将投入试运营。

首钢 5G 智慧园区：2018 年 10 月，中国联通和首钢集团在首钢园区举行战略合作伙伴签约仪式，双方将携手把首钢园区打造成国内首个 5G 示范园区，并在建设 5G 产业园区、奥林匹克文化推广、冰雪运动发展等方面展开战略合作。

任务6.7 新基建

1. 什么是新基建

2018年12月,中央经济工作会议确定2019年重点工作任务时提出"加强人工智能、工业互联网、物联网等新型基础设施建设",这是新基建首次出现在中央层面的会议中。2020年4月20日,国家发改委给出了权威说法。新型基础设施主要包括3方面内容,如图6-11所示:一是信息基础设施,包括以5G、物联网、工业互联网、卫星互联网为代表的通信网络基础设施,以人工智能、云计算、区块链等为代表的新技术基础设施,以数据中心、智能计算中心为代表的算力基础设施等;二是融合基础设施,主要指深度应用互联网、大数据、人工智能等技术,支撑传统基础设施转型升级,进而形成的融合基础设施,如智能交通基础设施、智慧能源基础设施等;三是创新基础设施,主要是指支撑科学研究、技术开发、产品研制的具有公益属性的基础设施,比如,重大科技基础设施、科教基础设施、产业技术创新基础设施等。

图6-11 新基建涵盖范围

2. 新基建特点

疫情防控期间,新基建作用凸显,新基建投资的基础是企业在新经济模式中产生实际商业价值。新基建要踏实下来,不能浮躁,应警惕盲目投资新基建而造成大量不良资产。但是如果两个关键问题解决不好,看似美好的新基建可能变得相对空泛。若能补足这两个"关键点",大量实施的新基建就有了用武之地。

第一个是"软性"的问题。中国的基建硬件进展很快,不代表"软性"的东西进展同样快。新基建要想利用好,需要整个社会,特别是企业领域,对数字经济有明确的认知。电子商务是典型的数字经济,相比传统商业,它有革命性的变革。通过数字化体系,所有用户对于产品的评价、用户之间的相关信用体系、参与电子商务的所有商家以及各种完善的数据体系,建立起一个完全不同的销售模式。这个模式是一系列围绕数字体系进行的系统化变革,而不是简单地把线下的东西搬到线上。

第二个是新经济的起点问题。新经济的起点在企业家手里,新基建应该为这些数字经济起点的企业提供服务。现在还有不少企业欠缺数字化思维和数字化的运营、管理、服务、市场、推广、销售、财务、税务的完整体系。当中国企业开始广泛使用数字系统提高效率的时候,新基建的数字经济应用场景就出来了。

任务6.8 智慧家庭

1. 什么是智慧家庭

智慧家庭又称为智慧家电,是以物联网为基础,依托云计算、大数据、人工智能等新一代信息化技术,构建安全、舒适、便利、智能的居家环境,实现家庭服务的智能化,以及人和家庭设施(不仅仅家电,亦可以是沙发、床铺)的双向智能互动。

智慧家庭与智能家居最明显的区别在于:智能是手段,家居是设备;智慧是思想,家庭是亲情。智能家居是用智能化的手段控制家居设备;智慧家庭则赋予传统及智能家居思想,赐其灵魂,让家中设备感知人的需求,并充分发挥主观能动性,更好地为人服务。

智慧家庭依托的核心是物联网而非互联网,智慧家庭不是一件家电,而是一整套服务产品整合系统,包括健康管理、居家养老、信息服务、互动教育、智能家居、能源管理、社区服务和家庭安防等8个方面。中国电信推出的智慧家庭解决方案如图6-12所示。

2. 智慧家庭应用场景

这里以中国电信智慧家庭为例,介绍3个具体的应用场景。

1) 小翼管家应用场景

通过小翼管家APP,可以对家庭网络进行管理,利用一键入云实现智能家居控制,包括对窗帘、电视、灯具、冰箱、空调等家电进行远程控制;可以实现远程服务预约和进程跟踪,以及线上支付等功能。不管用户在家还是出差在外,都可以通过APP来管理智慧生活。

2) 家庭云应用场景

用户用手机拍照并上传到家庭云,能够实现全家分享,所有家庭成员都可通过电视、电脑、手机、PAD等多种终端连接到云上,开展多屏互动,随时随地欣赏、下载照片。对于喜欢的照片可选择一键冲印,利用翼支付等便捷的电子支付手段完成付费后,通过物流快递,就能在家中收到冲印好的照片。

3) 智能安防应用场景

用户安装在楼道、门窗等位置的高清摄像头与各类终端相连,实现实时监控。当有人员进入时,终端设备将对高清摄像头捕捉到的人脸影像进行智能识别,通过大数据特征分析,能够辨别来访者身份,可以区分物业人员、快递员、亲友或陌生人。如果出现陌生人闯入,

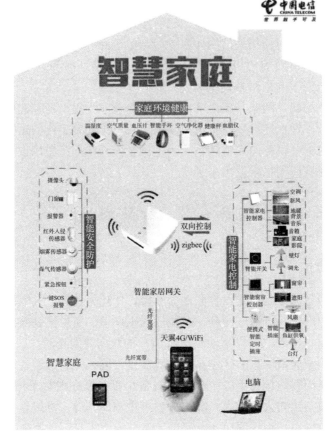

图 6-12 中国电信推出的智慧家庭解决方案

警报联动将触发,并通过短信、APP 客户端等实时通知家人,便于及时采取防范措施。用户还可通过"小翼管家"等客户端实时查看家庭现场情况,也可回看云端存储的影像,及时作出相应处理,保障家庭安全。

3. 智慧家庭发展现状和未来趋势

随着物联网、云计算、大数据以及人工智能技术的发展,智慧家庭已成为一个热议的话题。

根据调查结果显示,消费者在购买智能家居产品时,会重点考察产品的功能、价格、质量、服务、外观等 5 个方面,其中有 82.6% 的消费者将产品功能放在选购条件的首位。但是现在整个市场上的智慧家庭产品很多,真正功能上有用的却很少。

易观数据显示,我国智慧家庭潜在市场规模约为 5.8 万亿元,发展空间巨大。

工信部、国家标准化管理委员会联合印发了《智慧家庭综合标准化体系建设指南》,其中指出:到 2020 年,初步建立符合我国智慧家庭产业发展需要的标准体系,形成基础标准较为完善、主要产品和服务标准基本覆盖、标准技术水平持续提升、标准应用范围不断扩大,与国际先进标准水平保持同步发展的良好局面。这份指南的印发或将开启智能家居万亿级市场。